開動吧！

毛孩的幸福食堂

江宏恩的私房狗狗鮮食餐

江宏恩 著

　　我們家有兩位老寶貝，蹦蹦 15 歲，冰冰 13 歲，這幾年來，只有他們是一直陪伴在我身邊的，對我來說，除了是我的毛孩子外，也是我一輩子的家人。記得剛剛開始養他們的時候，遇到問題、或是生病，都是自己到處著急、心慌的問有經驗的朋友、專業的醫生，或是上網找資料。他們一發生什麼不適的症狀，因為不了解，以為超嚴重的我就會緊張地在醫院淚灑。現在獲得的一些相關資訊、知識，都是這一路來經驗的累積啊！

　　除了社交、教育、健康外，他們吃的食物也是很重要，需要特別注意的，該如何選擇適合的飼料也是一個課題。大概是這兩年開始，在醫生的建議下，我嘗試了鮮食方式的餵食。毛小孩的鮮食是一門我還在努力學習的學問，它並不是只要有肉就好了，營養均衡才是最主要的關鍵，雖然比較辛苦，但為了他們的健康，這一點也不算什麼。

　　很多老一輩的人都會說，狗就隨便養養就好了，但對我來說，才不是這樣的呢！他們也是家裡的成員，當然每個地方都要用心去對待的。畢竟他們不會表達、又超級會忍耐的，一個不小心，發生了狀況什麼也不知道，怎麼可以不好好注意。

　　想養狗狗的你／妳，其實可以不用跟我一樣走這條艱辛的路，這本《開動吧！毛孩的幸福食堂》把很多重點都整理好了！除了基本的教育跟照護，還有很多鮮食的食譜喔！從現在開始學起，一點都不晚啊！就讓我們一起守護這些可愛的小天使吧！讓他們每天都健健康康、快快樂樂的！

知名主持人　**Gigi**

推薦序 I ♥ My Dog

　　從小到大哥哥最大的變化就是從一個不進廚房、從來不做飯的大男人，到開始自己下廚。而這十年來自從有了狗狗之後，他不但一有時間就下廚做菜，還開始為他的「家人」們設計菜單（當然不包括我！），生活的每一個細節幾乎都圍繞在他的狗狗們，變成一位「全職奶爸」。

　　當我看到哥哥的狗狗菜單時，瞬間覺得他真的為了他可愛的毛小孩們花了很多心思和愛。想必和正在看這本書的你們一樣，為了牠們下廚做菜、運動，搜尋所有有關牠們的習性和知識，而這本書正是讓你再次走進廚房的最好理由，我想「為你心愛的人做一頓晚餐」，或許是下一件增進你和你的狗狗感情的事！

　　書裡談到每一個階段的毛小孩所需要注意的飲食習慣，小至要刷幾次牙？大到狗狗先天及後天的疾病與治療，和如何從牠的反應中解讀狗狗們的喜怒哀樂。這些天真無邪的毛小孩們正因為無法開口說話，所以更需要你的細心照顧。牠們是我們的開心果，是我們最好的伴侶、朋友甚至是家人，雖然牠們從來不曾抱怨，但愛牠就應該給牠最好的，更應該知道如何照顧這些在身邊默默陪伴著我們的寶貝們。

　　最後，這是一本以愛為出發點的狗狗料理書，教導你如何與你的毛小孩一起分享生活中的點滴，要記得「牠是你生活中的一部份，而你卻是牠生命的全部」！

法式料理名廚　**江振誠**

推薦序 I ♥ My Dog

　　近年來，這些在家中趴趴走的毛小孩們真的是過得越來越幸福了。我們這些「狗奴才」們總是擔心牠們吃得不夠健康，或不夠色香味俱全而傷透腦筋。即便身為獸醫師如我，也常為了滿足這些毛小孩的口腹之慾，而常常在廚房裡絞盡腦汁。這本《開動吧！毛孩的幸福食堂》不僅僅挑選了常見又營養價值高的各式食材，搭配上簡單又不失美味的料理方式，更是成為我在對付這些口味越來越刁的毛小孩們的葵花寶典。

　　此外，對於身處第一線臨床工作的我來說，除了提供給毛小孩完善的醫療照護外，也時常需要提供家長們正確的醫療資訊，甚至是居家照護的協助。本書簡單整理了包括在幼犬飼養、老齡犬照護上，以及常見疾病應對上的基本且必需的觀念，讓不論是第一次飼養的新手家長，或是第一次面對到毛小孩特殊狀況的家長們，可以有能力預先做好準備而不至於手忙腳亂。對此，我也深表感謝及欣慰。

　　最後，希望所有的毛小孩都能夠在這本書的「推波助瀾」下，盡情地享受美食大餐；而家長們也能夠無論是在料理食物上或是居家照顧上更得心應手！

維康動物醫院　**宋子揚**　醫師

 推薦序 I ♥ My Dog

　　對於極度寵愛家裡汪星人的我來說，不知道大家會不會和我一樣，時常在吃東西時毛寶貝就用水汪汪的眼神癡癡地看著我們，牠們的視線在我完食前，始終不會離開我的筷子和嘴巴那來回不到三十公分的距離，感覺再不給牠來一口，便開始自己吃得心慌……

　　但我們都知道人類吃的食物太鹹，對於毛孩子的腎臟絕對是個負擔！於是我開始為我的貴賓狗豆豆下廚。以當營養師的角度把認為新鮮天然、營養成分高的食材都用上了，但是有一天當看見豆豆在便便時，突然驚慌失措地夾著屁股奔跑，原來是屁股上黏了一條「完整的金針菇」卡了一半大不出來。這時我才意識到，其實狗狗跟人還是很不一樣的，除了消化能力不同、營養熱量需求不同，甚至有些食物狗狗到底能不能吃？我都想一探究竟。

　　於是在當上營養師的那一年起，就希望能在本來就具備的營養師專業上，替自己的毛寶貝也謀些美食福利，就這樣單純的動機便開始利用工作空檔研究狗狗的飲食，期間還跑去和豆豆常去美容的寵物店，跟他們拜託讓我拿著他們內部的邀請函去進修寵物營養，甚至後來跑去找了首創寵物鮮食的美樂狗千金爸工廠裡暢談了許久呢！因此也累積了許多對狗狗飲食的認識和了解，真的很開心能替這本書審閱食譜及為此書寫序，為了毛寶貝用心所衍伸的一切都是那麼美好！期待大家都能透過這本書為自己的毛孩子準備一場場美食饗宴。

北京瑞京糖尿病醫院　專科營養師　高瑞敏

推薦序 I ♥ My Dog

宏恩哥在我們這些朋友眼中，一直是一位極戲劇化的誇張派狗爸爸。不要說自己家的孩子難受受傷了，只要聽到與貓狗有關的事他就會忍不住大哭。

但毛小孩帶給我們的生命教育真的很神奇！現在的宏恩哥堅強多了，不但撿回收編了更多的毛小孩，還參與動保活動為生命發聲，更發揮自己的專長及與毛小孩長年相處中所學習來的心得集結成冊，分享給更多的毛爸媽們。我所認識的宏恩哥本身廚藝就很好，還有一位名廚弟弟呢！相信由他所設計的菜單一定更加美味營養！

我自己本身也是給自家毛小孩吃了很多年的鮮食。發現鮮食對孩子的毛色、健康真的很好，尤其是對於有病痛的孩子，檢驗指數的控制也更好了！因為新鮮的食物有酵素、有真正的營養；飼料就像人類吃的再製品、罐頭，吃多了身體怎麼會健康？

這本《開動吧！毛孩的幸福食堂》推薦給所有真的把毛孩當作自己的小孩、當作為是家人的毛爸媽們！讓我們一起來給我們的孩子真正營養健康的美味飲食！

知名女演員　**陳珮騏**

推薦序 I ♥ My Dog

　　宏恩是一個健康、熱心、善良又聰明且惜情的人！他出這本書，我非常支持贊同，他對寵物的愛心與照顧，特有深厚的親身體驗！認識江宏恩的人就一定會認識 Jumbo（宏恩的最愛寵物江寶威），而 Jumbo 的一生，是在宏恩的生命裡，受到愛與尊重的開始，一直到幸福安詳的結束，宏恩對牠就是愛家人一樣的心。

　　看見宏恩對於犬貓的用心，我由衷的讚佩！還記得在拍《天下父母心》（三立連續劇）的時候，經常可見劇組剩餘許多便當，有時剩很多，可分裝成好幾袋，雖然說趕戲的時候大家都非常疲憊，但只要晚餐放飯後，就可以看見宏恩在收集剩餘的便當。我當下非常驚訝好奇的問他：「這是要做什麼用的？」他笑笑的告訴我：「等一下下班後，拿去餵流浪狗和流浪貓。」我看著他心裡想：「宏恩，你好棒！」看他一說到要去餵食流浪犬貓，那種精神奕奕、眼神晶亮的熱情神態，我忍不住說出我的要求：「我也可以參加嗎？」他聽了很高興對我說：「歡迎加入（擊拳）！但可能要等我重新調整過才能去餵食，因為有些食物犬貓是不適用的，把那一些拿掉，然後在去便利商店買些罐頭食物，來補充加強之後再去餵食。」我沒騙你！我眼睛睜好大看著他！喔，這好小子，巧思、細心又有愛心！光憑他自己那麼的健朗又熱心，我相信他一定是費盡心思去研究出安全又營養好吃的私藏美食！

　　朋友們！我們來支持江宏恩，一生懸命（全力以赴）的用愛來出書，來愛護提升環境品質，讓動物與我們真情共存，讓環境更健康、更和諧！宏恩加油！請大家大力支持！

資深男演員　**楊烈**

推薦序 I ❤ My Dog

　　狗狗的鮮食料理，是我這幾年非常推薦的飲食方法，因為三年多前，我的愛犬熊熊在最後晚年的時候，就是幫牠準備我們自己烹煮的鮮食。我的熊熊是拉布拉多，在十四歲時檢查出腸胃的腫瘤，當時吃什麼就吐什麼，醫師判斷大約只剩兩、三週的壽命。

　　當時很單純的想法就是，能讓熊熊多活一天就是一天，因為消化有問題，我就改以鮮食為正餐，但那時的鮮食資訊有限，所以食材內容變化不多。不過也因為改吃鮮食的關係，熊熊的身體竟然接受了鮮食、不再嘔吐，而且精神也慢慢的有起色，最後比起醫師預估的時間，還多活了九個月。

　　這本《開動吧！毛孩的幸福食堂》，裡面的鮮食餐有多種變化，還分了幼犬、成犬及老犬，各年紀不同的餐點，還有主人與狗寶貝的共享餐。上個月我剛從高雄燕巢收容所領養了一隻狗狗，名叫熊三，目前四個月大，牠的鮮食料理，我不用再煩惱，照著書做就好！

　　現在的狗狗照顧與訓練書籍越來越多，很多都是翻譯國外專家的作品，當然也是很棒的學習管道，但畢竟我們的文化背景不太相同，所以很多環境狀況也會有差異。江宏恩先生雖然是知名演員，但同時也是養狗多年認真的主人，內容除了鮮食還有很多飼養狗狗的觀念與態度，我相信他的書，一定更為貼近我們大家！

犬類行為專家　**熊爸**

♥ 🐾 自序

　　我的家很熱鬧，現在有三個毛孩（Pippin、D弟和樂妹）和兩個喵星人（Santa和多多），牠們是我最甜蜜的負擔，也更是我紓壓的良藥。《開動吧！毛孩的幸福食堂》的完成，心中真的是有很多很多的感覺，人生中第一次成為作者、開心的感覺、有紀念意義的感覺和有對寵物愛的延續，當然也有深深的想念、酸酸的感覺。

　　應該這麼說，這本鮮食食譜的發想和啟動的力量，來自於我人生當中第一次自己從小養起的狗兒Jumbo開始，牠是隻可愛又憨憨的黃金獵犬，陪伴了我將近十五年，卻在去年的五月一號離開了我，牠在這個世界上的旅行畢業了。曾經聽人說，自己的寵物離開後，因為心裡太痛，可能就不會再養狗兒了，當時隨著Jumbo年紀慢慢老了、行動緩慢了，我也曾經想過這個問題，牠是我這麼愛的狗兒，哪天真的離開了我，我會是什麼感覺？

　　那一天真的來了，有著說不出的痛、難過，卻也異常的平靜，也許是因為太突然而反應不過來吧。那時我腦筋是一片空白，也不想召告所有朋友，因為一個個接受慰問、謝謝大家，又會一次次再去碰觸心裡的痛。當時就只想著自己安靜的送牠，讓自己好好的消化和沉澱。那陣子，白天公司安排的工作照常進行著，強打起精神裝作什麼事也沒有，收工回到家，慢慢去習慣「十五年來家中有Jumbo，而現在已經不在了」的調整當中。

　　後來在一次和朋友在山上騎車運動的途中，遇到了現在我家中兩名新的

成員——D 弟和樂妹，牠們是人們口中的「浪浪」、「米克斯」，兩個小小 Puppy 在十二月底的低溫下，在山路邊窩在一起取暖。發現牠們的當下，說真的，我還不知道我能不能、行不行，還可不可以再提起像我對 Jumbo 那樣的愛來照顧牠們時，但一個直覺下，我已經請朋友先下山開車來帶 D 弟、樂妹下山去寵院檢查和治療。也因為這兩個調皮又可愛的生力軍加入我們家，原本一直是 Jumbo 的最佳拍檔的 Pippin 也不再孤單了。

我要謝謝 Jumbo 留給我的不是持續悲傷的懷念，牠給我懷念牠的方式，就是更正面地的用過去對牠的愛，再繼續的疼愛所有我能力所及能去愛的寵物們。即使到現在我從沒有一天忘記 Jumbo，因為牠永遠在我的心中。也許我所繼續疼愛的每個寵物都是「Jumbo」，而「Jumbo」已經成為了我心中疼愛寵物的代名詞了吧！

很開心跟大家分享這本《開動吧！毛孩的幸福食堂》，也許有不盡完善的地方，也樂意和大家交流指教。但想表達的愛，還有希望給所有可愛的毛小孩們滿滿營養的心是絕對百分百的！當然，更希望能夠起到讓大家更疼愛寵物、愛護動物的作用！我們大家一起努力吧！

好朋友們，最後，容我再深深說句我的心裡話：
Jumbo，你是把拔永遠、永遠最愛的唯一，你才是這本書最棒的作者。

江宏恩

目 錄
Contents

CH3 共享

CH1　序幕

我與 D 弟 & 樂妹的相遇

去年十二月二十日，我在山上騎車的時候遠遠看見兩隻小狗在馬路中間，山上天氣很冷牠們互相依偎著取暖，每次上山騎車我身上都會放一些狗罐頭，遇到流浪狗時至少可以幫助他們飽餐一頓。跟我同行的朋友説等我們下山，如果牠們還在的話就帶牠們去醫院，但是我仔細一看這兩隻病懨懨的小狗躺在馬路上，正好在一個彎道的上坡，是個視線的死角，車子在上坡時絕對會加足馬力的，萬一沒注意到這兩隻小狗，很可能就會輾了過去，就這樣在心中湧出一個「帶牠們回家」的念頭，於是我

的家裡開始就有了「樂妹」跟「D弟」。下山後帶樂妹跟D弟先去給獸醫檢查，獸醫説他們兩隻大約才出生四十五天，不確定是否斷奶了，我回家後先將乾糧加牛奶泡軟給牠們吃一陣子，等牠們慢慢有精神了，再帶去給獸醫檢查評估後，才開始轉換吃鮮食當主餐。

男生叫「D弟」，為什麼是D呢？因為我是在12月撿到牠們的，D是取英文December的第一個字母；女生叫「樂妹」，因為我希望她永遠快快樂樂的，現在的她果然搗蛋的很快樂！兩隻小幼犬特別的皮，牠們還不到一歲，正值好動好奇心旺盛的時期，如果一整天家裡沒人，兩隻簡直是玩到瘋掉。等我回家一打開門，整個家差不多可以説是半毀！所有能夠咬的紙、任何東西全被拖出來咬一遍，不知情的人還以為我家遭小偷了！儘管如此，我還是很愛牠們。

幫自己準備三餐比弄狗狗的三餐還簡單，並不是説幫狗狗做料理的手續繁瑣，而是我們

如果肚子餓了買個飯就能填飽一餐，可是狗狗的三餐可不是隨便買個路邊攤就能打發的，因為過多的調味，會對狗狗的健康造成影響。做鮮食料理一開始的確有些繁瑣，但是開始做之後，就會習慣這是生活的一部分，甚至會做一些人跟狗狗可以一起享用的料理。因為我很愛下廚，當我逛菜市場的時候看到牛肉，馬上就會想到做一道「滑蛋牛肉」給牠們吃，這對我來說親自做飯給牠們吃，不單只是為了健康，看牠們吃很開心也是我們之間獨有的生活情趣。

　　我會不斷地去關注在不同成長階段的狗狗需要補充的營養，例如當我知道高麗菜富含鈣質時，就在小狗的餐點中多增加高麗菜的分量，幫助牠們在發育時期骨骼的成長；金針菇有利健壯腸胃，我就幫家裡的老狗長毛臘腸多增加金針菇的比例。我覺得營養均衡很重要，所以會不停地變換食譜，看起來好像花樣很多費時又費工，其實不然，所謂的「花樣多」，並不是天天用十幾項食材料理，而是很簡單的每天換一種主食，今天吃雞肉、明天就吃羊肉，希望牠們能夠攝取到各種營養。

　　之前有朋友建議餵狗狗吃羊油，因為羊油的油脂對狗狗的毛髮有天然滋潤的效果，我去超級市場看到羊肉的火鍋片上面有油花，心想光吃羊油不如吃整片羊肉，後來查到羊肉是屬於低過敏源的肉類，可以顧皮膚毛髮的健康，很適合給有皮膚病的狗狗吃。這兩隻小傢伙剛來我家的時候有嚴重的皮膚病，尤其樂妹全身都是寄生蟲，身上不斷長出像頭皮屑的東西，我當時很擔心帶牠去看醫生，醫生說治療一個月之後應該就會痊癒，回家之後我也同時思考可以給樂妹吃點什麼？畢竟牠們一出生就在外面流浪，現在又正是成

長的階段，我希望用食補的方式同時幫牠調理身體，不論是排毒或是培養抵抗力，因此我去找了一些對皮膚有益處的蔬菜，特地煮給樂妹吃再觀察牠復原的狀況，慢慢地樂妹的毛色變的光亮許多，尤其樂妹的毛髮是黑色的更是明顯。現在樂妹不但完全康復，且毛色更是維持的柔順光亮，所以我相信吃進去的東西絕對與健康是正向關係。

說到親自動手做寵物鮮食料理，從來沒有下廚經驗的朋友可能第一時間想到的是「好麻煩！」、「我都不會煮飯了，怎麼可能幫狗狗做料理呢？」，其實一點都不麻煩，狗狗不能吃鹽、油、醬油、糖、麵粉等調味料，所以炸跟炒的烹飪方式幾乎可以省略。重點放在食材上，只要慎選食材，烹飪方式越簡單越是能吃

到天然的維生素。狗狗吃的食材與我們吃的幾乎一樣，當我們逛菜市場為自己或家人採購食材時，同樣的食材只需要幫牠們多採購一份，真的一點也不麻煩！上班族早上通常趕著上班而手忙腳亂，書中也有提供一些簡易料理的食譜，只需要花五到十分鐘即可完成。

當我打開寵物鮮食料理這扇門之後，我不斷的找資料、吸收知識，看看有什麼食材是我還沒有試過，而這項食材對牠們有特別的營養補給，例如對心臟、血管、骨骼等有許多益處，舉凡我沒用過我都想試試看。很多食材是經過一點一滴的找資料、測試、觀察和調整從中獲取心得，就像以前我不確定綠色蔬菜是不是可以給牠們吃，原本青菜的選項只有高麗菜一種，後來我查到青江菜有豐富的維生素及

鐵質，於是很興奮的先把青江菜攪成汁淋在其他食材裡一起吃，然後觀察到牠們的便便很正常，我就放心的將青江菜納入食譜中。

D 弟剛來的時候皮膚雖然沒有像樂妹這麼嚴重，但是我一直感覺牠的毛髮很乾燥，這是體質問題，就像我們人類的頭髮很乾燥並不是一種病，而是體質出了問題由內向外的反應，於是又驅動了我找相關的食材，意外發現南瓜幫助排毒，而白蘿蔔補充水分，實在是太開心了！小傢伙在外面流浪了一陣子，母親一定也是流浪狗本身營養不良，所以樂妹跟 D 弟從母親的奶水獲得的養分也不夠，再加上在外流浪時隨地亂吃，肚子裡有寄生蟲，這些種種因素導致 D 弟嚴重拉肚子，養分完全吸收不進去，我想說除了吃藥之外，怎樣可以幫助牠更快的恢復健康，後來我發現我從來沒想過的「薑」，竟然可以改善拉肚子的情況。

開始做寵物鮮食料理第一個要知道的就是，什麼東西是狗狗不能吃的。記得有一次我媽媽鬧了個烏龍，那時候我家的黃金獵犬 Jumbo 年紀很大了，我媽媽想說給牠吃洋蔥「通血管」。天啊！我趕快阻止她，因為狗狗千萬不可以吃洋蔥，同時我也解釋給媽媽聽為什麼狗狗不能吃洋蔥，從此之後媽媽想要幫 Jumbo 進補的時候也會特別注意什麼食物是狗狗不能吃的。

數百年前狗狗的祖先都是「野食」，大自然裡有什麼就吃什麼，沒有經過層層加工，也沒有精算一日攝取多少熱量、維生素、礦物質，所以我對鮮食料理的想法也很簡單，就是讓牠們回到最初原生的飲食習慣，我相信牠們的祖先一定吃得很健康，才能綿綿不絕地繁衍後代。對我而言，動手做料理一方面是自己的求知慾驅動，最大的動力來源還是為了讓寶貝們吃得營養，健健康康的長大。我非常享受親手做料理給寶貝們吃的過程，從準備食譜、找食材、烹飪料理和餵食，每一個過程都有著我對牠們滿滿的愛與呵護，也從互動中讓彼此的愛交流，當我發現寶貝們每天都很期待我做的料理，當我看到牠們越來越健康，這樣的成就感及滿足感真是無法言喻！

woof

動手做鮮食料理的開始

　　我在我養的老狗黃金獵犬 Jumbo 過世前，就開始給牠吃鮮食料理，其實最初做鮮食料理給 Jumbo 吃的是我媽媽，之前我有兩、三年的時間出國拍戲，家裡的狗狗都託給媽媽照顧。拍完戲回家後發現我媽弄了雞肉、紅蘿蔔、花椰菜等，把我們在吃的食物給狗狗吃（當然是無任何調味料），我才發現原來狗狗也可以吃跟我吃一樣的食物！由於我特別在意寵物的健康，後來我的朋友給我一本日本的寵物鮮食料理食譜，我才慢慢在餵養的過程當中，從狗糧、罐頭慢慢進階到鮮食料理，書中看到原來很多狗狗需要的營養可以從天然的食物、蔬果中獲得。狗狗跟我們一樣可以吃蔬菜，這點讓我很驚訝，於是我的觀念開始有了轉變，要我們天天吃罐頭感覺起來營養的攝取不是天然的，我相信對寵物們的健康來說也是相同的邏輯。如果我可以用這些很簡單的食物

做成料理，給牠們最直接的營養補給，讓牠們自然的攝取營養當然是最好的方式。

　　愛是所有的初衷，當我每天做飯給牠們吃的時候，看到牠們吃得很開心、健康，這就是我們跟寵物最好的交流，也是愛的表現，對我來說很療癒，也是忙碌生活的一種充電方式。我們家的毛小孩是一天兩餐，通常都是前一天把明天要吃的食材準備好，我認為

保持食物的新鮮度很重要,也希望牠們吃到最新鮮的食物。假使我隔天要提早出門,前一晚就會先把雞肉、馬鈴薯之類能蒸的食材先蒸熟,隔天要出門之前再回溫一下即可;如果臨時要出門沒有充足的時間備料,我就會做很簡易的料理,例如「涼拌雞肉水果」,只要把雞肉蒸熟、水果切丁,其實都不會花太多的時間。

一開始餵狗狗吃鮮食時,我會在餐點中放入大量的肉去引誘牠們,這當中我換過很多食材,如果發現狗狗不吃特定的食物,我會把肉的比例調高,用肉的鮮味去蓋過牠們不喜歡的食物。原因很簡單,就像我們總是說不能挑食,我也希望家中的寵物都能營養均衡。還好我家三隻狗、兩隻貓都不太挑食,還很捧場呢!幾乎食物一端出來就搶著吃光,自己碗裡的吃不夠還去搶隔壁的!

剛開使餵牠們吃鮮食的時候,還抓不準食材的分量,也會擔心狗狗的腸胃能否接受鮮食。我評估的方法就是每天觀察牠們便便的形狀、軟硬程度,假設這一餐的食材有被腸胃健康地吸收進去,就會產出黃金比例的便便,有一陣子可能青菜水果的比重過多、水分也過多,導致有點軟便,那麼下一餐就酌量減少青菜的分量。我是用這種土法煉鋼的方式,隨時去調整食材的品項及比例,讓寶貝吃得營養又健康就是我這個做爸爸的最高指導原則了!相信你也能找到最適合寶貝們的鮮食料理喔!

CH2 初見

新手毛爸毛媽教養守則

想要養狗狗就不禁難掩興奮又緊張的情緒,如果
這是你第一次養狗狗,請先評估一下自身狀況,
無論是環境、心態、經濟能力等等,再決定要不
要養狗以及養什麼體型的狗狗。因為每個毛孩子
的眼中你就是牠的一輩子,一旦抱起牠就不可以
輕易放手喔!

和毛孩的初次見面

狗狗會不會攻擊小孩？有小孩的家庭適合養狗嗎？

根據美國獸醫醫學會（American Veterinary Medical Association, AVMA）的統計資料顯示，美國境內平均每年有四百七十萬人被狗咬，其中絕大多數是兒童；而平均每年有八十萬人因為被狗咬傷而就醫（《流浪動物之家》雜誌 2009 年 9 月號）。相信很多人小時候都有被狗咬的經驗，包括我自己小時候也被鄰居家的狗狗咬傷過。首先，我們要知道狗狗為什麼會攻擊小孩？在什麼情況之下會攻擊？以及如何預防攻擊事件發生？

其實攻擊行為是所有動物的本能，動機通常是受到威脅、恐懼，或是感覺到在家中的地位動搖。爬行或剛學會走路的嬰兒，或是走路搖搖晃晃的幼童，常常會讓狗狗感到心情煩躁，何況是小孩的尖叫聲連大人都受不了，某些生性較神經質的品種狗，更容易被尖叫聲引發焦慮。而小孩子無法控制自己的手腳，突如其來的肢體動作也容易驚嚇到小狗，在各種引發焦慮和急躁的情緒連連發生後，小狗可能就會想要做點「反擊」，好讓這個小生物停止干擾牠的生活。

預防攻擊事件發生必須要雙向教育，每隻狗狗在幼犬的時候都會經歷「社會化」的黃金時期，所謂社會化就是學習與除了家人之外的人、狗，能夠自在地相處，狗狗腦部發育大約六個月後即停止，而在這段期間教牠的一切事物，牠會牢記在心一輩子都會記得，所以狗狗的「個性」也會在這段關鍵黃金期奠定。這段

黃金期多帶狗狗出去走走逛逛，與其他人跟動物接觸，去感受這個世界，認識周遭環境的過程就是所謂的「社會化」。

帶幼犬出門散步一定要先評估幼犬的身體狀況，如果小狗皮膚有感染或是有腸胃道症狀，剛打完預防針，免疫力會下降，也不適合去複雜的環境。而每次以漸進式地讓幼犬適應外面的環境，例如第一次先在自家巷子走十分鐘，第二次時間拉長二十分鐘到附近的公園坐著，慢慢地將外出時間拉長。訓練狗狗社會化的方式無需過於保護，當環境的聲音變大聲的時候，狗狗雖然有點嚇到但也不要立刻抱牠，過於保護只會讓狗狗更記住環境吵雜產出的不適，但這時候家長可以輕撫牠、陪牠玩耍，讓牠逐漸適應環境音的存在。在引導狗狗社會化的時候可以讓牠見到不同樣子的人，包括男女老小，你家環境可能接觸到的人，例如郵差、送瓦斯的人等，如果可以的話請這些和狗狗見面的人拿飼料或零食給狗狗吃做獎賞，讓牠知道這些不是壞人、對牠沒有威脅。

進行服從練習可以建立人類和狗狗彼此之間的信任感，讓狗狗學會「坐下」、「趴下」、「等一等」和「過來」，這些指令，教導狗狗學會聽懂指令「坐下」等待牠想要的東西，例如家長的撫摸、讚美、零食、玩具或出門散步等等。這種訓練不只是讓狗狗學習控制自己的情緒，讓狗狗覺得等待是快樂且美好的，因為只要學會等待就可以獲得牠想要的。除了等待之外，還要教牠聽到指令就要知道「回來」主

人的身邊，當你隨時隨地都能把牠喚回，就可以避免牠發生危險或意外，也可以避免小孩和狗狗之間的衝突。

　　狗狗是我們的家人，家人也有先來後到的順序，如果在單身時已經養狗，結婚組成家庭後隨之而來的是新生命的誕生，小孩在這個家庭中是「後來者」，所以「後來者」也需要學習尊重，與家庭原本的成員和平相處，這也是實行生命教育很好的機會。此時大人要扮演好教導的角色，首先絕對不能讓孩子與小狗單獨相處，無論你覺得你的狗狗平時表現得多乖巧聽話，都不可以貿然地把小孩和狗狗單獨放在家裡，因為無法掌控及預料的事情太多了，防患未然永遠是第一順位！再來是教育小孩不可以靠近陌生的狗，不論何時何地都不能去摸別人的狗，想要摸小狗之前（不論是自家的小狗還是別人的小狗），都必須先徵求狗狗主人的同意，一方面教育小孩基本禮貌，也是讓孩子知道保護自己的重要性。

那一種體型的狗狗比較適合我養？

　　如果你喜歡黃金獵犬、羅威那、古代牧羊犬、哈士奇等大型犬，考量到大型犬需要的運動量及活動範圍絕對比中、小型犬來得多，住處最好大一點且有陽台，大型犬比較能自由走動，如果住家附近有公園更好，每天可以帶牠去公園跑步保持運動量。如果你住的地方偏小，甚至只有一個房間，建議比較適合飼養中小型犬，避免人擠狗、狗擠人的壓迫感。

去寵物店買狗還是去動物收容所領養流浪犬？

　　我是絕對贊成「以領養代替購買」，寵物店販賣的狗狗雖然有血統保證書，但大部分的小型犬都是近親交配而來，甚至難以辨別店家是否為合法的繁殖場，這樣的狗狗雖然嬌小可愛，伴隨而來的是罹患先天性疾病的比例極高，像是吉娃娃、馬爾濟斯、貴賓、博美等小型犬容易患有先天性心臟病、皮膚病及呼吸道疾病等遺傳性問題。事實上，收容所中也有許多被主人棄養的品種狗，如果你真的很喜歡純種狗的外型，建議先到收容所看看，給這些流浪的孩子擁有一個家的機會吧！

照顧還是嬰兒的毛孩

第一次養狗需要準備的東西

餐具、食器

最好堅固、方便洗滌、不易打翻，市售狗狗的碗盤材質有膠料、陶瓷、不銹鋼，塑膠的較容易打翻、陶瓷用微波爐加熱較安全，但容易打破；不鏽鋼最耐用，但價格相對較高。而飲水用具有乳頭式的水嘴，狗狗舔一下就會有水流出，可以掛在犬籠或圍欄上，也可以準備兩個碗，一個裝飯一個裝水。

舒適的狗窩

給幼犬一個舒適的窩可以讓牠感到安心，也可以訓練狗狗獨立，讓牠擁有一個屬於自己的空間。若想準備有屋頂的狗窩，要考量將來狗狗長大後的體積，狗窩的大小最好是長大為成犬體積的 1.5 至 2 倍，站立時頭頂離屋頂最好還有一個頭大小的距離。狗屋不必安裝門，讓狗狗可以自由進出。狗窩最好放在角落，不要放在走道或出入口，以免人來人往容易讓狗狗焦躁不安，狗窩的位置一旦確定後，最好不要隨意更換位置，因為狗狗是地域性的動物，頻頻搬家也會使狗產生不安全的感覺。如果想幫狗狗淘汰舊窩換新窩，千萬不要一下子就強迫狗狗住進新家，先把新窩放在舊窩邊幾天，讓牠適應至少一週後再做更換。

接下來要訓練狗狗自己睡，就像訓練小嬰兒獨自睡覺一樣，從還是幼犬的時候就要訓練。有些狗狗錯過黃金訓練時期，長大後即使有自己的窩還是亂睡，甚至與主人同睡一張床，狗狗不會像人一樣整晚靜靜地睡覺，有時會起來玩、上廁所、換位置，容易造成家長的睡眠品質不佳。如何訓練狗狗睡在自己的「家」呢？請家長要先收起憐憫心，把狗狗帶到狗窩門口，一邊用手推牠的屁屁進去，一邊加重聲調發出命令的口氣。如果牠乖乖的進去，要給予牠一些獎勵；如果發現狗狗還是跑去睡在其他地方，要及時制止牠，訓練一段時間後狗狗就會明白那是牠的窩，自然就會養成睡狗窩的習慣。

牽繩、胸背、外出袋／籠／推車

不給狗狗戴牽繩出門是一件很危險的事，很多意外是因此發生的，例如跟別的狗狗打架、被車撞傷、走丟。相信家長都經歷過幫狗狗帶牽繩的痛苦，狗兒豈會乖乖地靜止不動讓你幫牠帶牽繩呢？家長可以先從讓狗狗習慣牽繩、背袋是屬於牠的東西，把牽繩、胸背放在牠的窩裡或是跟牠的玩具擺放在一起，自然牽繩上會留有它的味道，接著先讓牠在家裡就穿上胸帶，不必等到要外出才穿，平時在家就穿上讓牠習慣穿胸帶的感覺，漸進式的將牽繩扣上，牽著牠在家裡走動，同時間可訓練狗狗跟在你後面，而不是在你前面拉著你暴衝。

剛出生的幼犬飲食需要注意哪些事項？

幼犬是指離乳後到十二個月大的小狗，通常八至十二週大且已經斷奶的狗狗，建議一日餵食四餐；三至六個月大的狗狗一天吃三餐；而六至十二個月大的狗狗一天兩餐即可。幼犬的腸胃就跟小嬰兒一樣脆弱，吃東西容易嘔吐和拉稀，肉食和牛奶都是容易引起狗狗出現腸胃問題的東西。所以這時候別急著給狗狗吃鮮食，對牠們最安全的飲食是狗糧加白開水，請購買「幼犬狗糧」後，加入溫水泡軟，再用小湯匙將狗糧捏碎，加入一些幼犬奶粉，攪拌成糊狀以便給只長出乳牙的幼犬吃。幼犬的餵食原則是少量多餐，因為腸胃的吸收及代謝速度尚未發育完全，一次給太多食物反而無法消化吸收。

何時該帶狗狗去打預防針？

當小狗三週大後經獸醫師評估，就可以開始做體內驅蟲，成長到六（～八）週大後，須每個月施打一次疫苗，連續三次：六到八週時注射幼犬專用疫苗、十到十二週施打多合一傳染病疫苗、十四至十六週再重複注射一次及狂犬病疫苗。之後每年一次追加多合一傳染病疫苗及狂犬病疫苗即可。

小狗從出生就沒洗過澡，我可以幫牠洗澡嗎？

剛出生的小狗還在培養抵抗力，這時候洗澡容易感冒，最好等到十五天之後再洗澡，洗澡時特別注意避免嗆到，且一洗完澡必須馬上吹乾。若是還沒有打完預防針的狗狗帶去寵物美容店洗澡，容易因為免疫力不足，或是在美容店與其他狗狗接觸而得到傳染病，所以一般建議出生兩個月以後，接種預防針後兩個星期以上才開始洗澡較為安全。

毛孩的日常生活

一個禮拜要幫狗兒洗澡幾次呢？在沐浴乳的選擇上有什麼要求嗎？

不常出門的狗狗，可以一個月洗一次；體味較重、皮膚較易出油、每天都會外出大小便、假日去草地上奔跑玩耍的狗狗，建議至少一個禮拜洗一次。有異位性皮膚炎的狗狗，容易過敏發癢，洗澡的頻率可稍微密集一些，來幫助除去皮膚上過敏原，洗毛精使用與否建議依照獸醫師或寵物美容師指示，其他時候用清水沖洗就好，以免皮膚越洗越乾燥，產生皮屑。

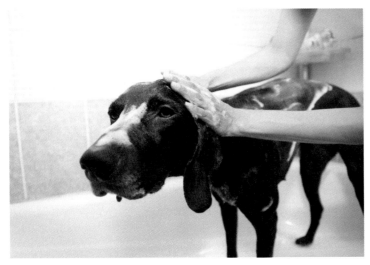

人狗可以共用沐浴乳嗎？答案是不行喔！原因是狗狗的皮膚構造跟人類不盡相同，千萬不要因為節省或是懶惰就用人的沐浴乳幫狗狗洗澡，狗的皮膚是偏中至弱鹼性的（PH值 7.0～7.5），女性的皮膚是酸性的（PH值 5.5），男性的皮膚則是弱酸性的（pH值 6.5），嬰兒的皮膚是中性的（PH值 7.2），這也是為什麼沐浴乳有分男女、嬰兒專用，所以狗狗當然也有專用的沐浴乳。選購狗狗的洗毛精時，除了市面上有狗狗專用的洗毛精之外，還可以選擇溫和的人用肥皂或是嬰兒沐浴乳，PH值較相近。

有些家長太過疼愛寶貝，覺得兩三天就要幫狗狗洗澡才能保持衛生，其實這對皮膚健康的狗狗反而不見得是好的，洗澡的目的是將髒污帶走，但是皮膚上的保護性油脂

也會跟著被洗掉。若狗狗皮膚上沒有油脂，容易皮膚乾燥、發癢，甚至患上皮膚病，所以建議夏天時若皮膚健康，則一到兩週洗一次，冬天則兩到四週洗一次，若是突然狗狗不小心把局部的毛髮弄髒了，可以用不含酒精及香精的濕紙巾，用乾洗澡的方式去除髒污，擦完之後記得用吹風機冷風吹乾，而洗澡的水溫最好接近體溫，也就是在攝氏 35 至 38 度左右。請注意狗狗剛吃飽就洗澡會讓皮膚血管擴張，流向胃部的血液變少會引起消化不良；另外生病期間也不適合全身洗澡，建議進行局部清潔即可。

有些狗狗非常討厭洗澡，每次到了洗澡時間就像要了牠的命一樣，拼命掙扎想逃離現場。提供一些步驟、技巧和需注意的地方。準備一盆水，先從狗狗的四肢、屁股和嘴巴開始小範圍清洗，這些是身上最容易藏污納垢的地方，先把這些重點洗完，接著再將沐浴乳塗抹

全身，用水把狗狗全身沖洗乾淨，需要注意的是小心不要將泡沫弄到眼睛裡。洗完後用一塊可以完全把狗包起來的大毛巾擦乾，再用吹風機吹乾，不然狗狗受涼感冒就不好了。應該很少有狗狗第一次洗澡就愛上的吧？！頭幾次洗澡可以拿牠喜歡的狗糧、零食來誘導牠們，洗完澡後再給點獎勵。

狗狗需要刷牙嗎？多久刷一次？怎麼刷？

狗狗跟人類一樣會有蛀牙、牙齦炎、牙周病的問題，尤其是吃鮮食的狗狗更要注意牙齒保健，因為食物殘留在牙齒上會產生細菌、結石，長期累積下來就容易患上口腔疾病。而且狗狗會用舔你的嘴和臉，來表示牠的愛，這時候如果口臭難耐，愛變成臭味難以拒絕，牠傷心你也難過。其實狗狗會有嚴重的口臭，就是因為牙結石在作怪，當狗狗的牙結石嚴重時，不但有口臭，牙齦炎也會讓牠痛到吃不下飯！

刷牙的次數當然是每餐飯後都能刷是最好的，但如果真的沒有時間，至少一天刷一次，要幫狗狗刷牙前需要準備好一些工具。牙刷是必備的工具，狗狗的牙齒比人類小顆，嘴巴也比較小，所以不能用大人的牙刷給牠們刷牙，市面上有一種指套牙刷，將手指套入牙刷對家長來說方便深入狗狗的口腔中；也有另一種狗狗的專用牙刷，或是可以用兒童軟毛牙刷，其實無論使用哪一種牙刷都可以，主要是家長使用上方便，狗狗又能接受的牙刷就是最好的選擇。

一開始就把牙刷塞進狗狗的嘴巴裡，牠一定會因為強烈的異物感而拒絕或用亂動的方式抗議，訓練狗狗刷牙要用循序漸進的方式，初期用紗布用棉布纏繞手指，用水沾濕後深入臉頰內側，輕輕在牙齒與牙齦之前摩擦，先讓狗狗適應口腔內有東西，等狗狗漸漸習慣且不會抗拒後再換成牙刷。幫狗狗刷牙建議刷兩側及前側　不一定要打開內側，因為牠們的牙齒結構內側不易堆積食物殘渣，加上牠們舌頭滾動也會清除掉，除了牙齒表面以外，牙齒和牙齦交界的部分也要刷到。

最後記得，千萬不可以把人的牙膏給狗狗用，就算是兒童牙膏也不行，人的牙膏通常含有氟化物、木醣醇、起泡劑，這些化學物品有可能導致狗狗中毒，市面上有販售狗狗專用牙膏，通常含有酵素具清潔的功能，但是牙膏無法完全取代刷牙的清潔效果，藉由牙刷摩擦牙齒與牙齦才能有效清除牙菌斑。

除了洗澡刷牙，還有其他需要特別清潔的地方嗎？

台灣高溫潮濕，狗狗的耳朵很容易有細菌增長，特別是垂耳朵的狗種，就容易因為耳朵蓋住不透氣，耳道成了細菌滋生的溫床，當狗狗的耳朵發出臭味的時候就要當心耳朵裡面可能有耳蟎、耳疥蟲或發炎，所以除了洗澡、刷牙之外，還要定期幫狗狗清潔耳道。

清除在狗狗外耳廓上的耳垢很簡單，只要把它耳朵旁的毛撩開，用手拽住耳廓，先用濕布輕輕地擦拭去除耳垢。在耳道裡的髒東西叫耳屎，家長在家裡自己幫狗狗清潔耳朵時，輕輕的將清耳液滴入耳道，蓋住耳朵，然後按摩耳根部約六十到九十秒，讓清耳液慢慢滑入耳朵裡，放手後狗狗因為感到耳朵裡有異物不舒服，自然會甩頭，這時候清耳液會帶著污垢一起被甩出來，家長再用衛生紙擦乾淨就好了。

另一個需要時常清潔的部位是趾甲，狗狗的趾甲太長會讓牠們抓不穩地面，小狗好動跳上跳下，更需要穩固的抓地力，現代人家中地板大多是磁磚或木頭，磁磚容易打滑，一跳而下時如果不小心嚴重會造成骨折，而木頭則會被狗狗過長的指甲抓出痕跡。一直放任趾甲長長不剪，會導致過長扎進腳蹼肉裡，所以定期幫狗狗修剪指甲是必須的。

進行剪指甲之前，一樣先把趾甲剪放在狗狗的周圍或窩裡，讓狗狗在趾甲剪上留下自己的味道，感覺是牠的「玩具」。第一次不用四隻腳全部剪完，一天剪一隻腳，隔兩三天再剪一隻，剪完後給點獎勵，摸摸牠的頭安撫牠一下，漸漸地讓狗狗習慣「剪趾甲」是經常要從事的活動。剪趾甲時要注意趾甲下緣有一條暗紅色的血線，剪趾甲時不要剪到血線，更不要超過，不小心剪到血線的話趾甲會出血。萬一真的不小心剪到流血，可以到獸醫院買止血粉，撒止血粉前要讓狗狗戴上頭套，以防狗狗舔到止血粉。

CH3 共享

毛孩子開動囉！

食譜是依據我們家樂妹的分量去做規劃的，而牠現在 8 公斤囉！請大家依照自己狗狗的體重，去斟酌每份餐點的用量。此章節共分為幼犬餐、成犬餐、老犬餐以及共享餐，因為每道料理都是用鮮食做成的，所以只要稍加調味，全部都能和親愛的毛小孩一起享受最美好的用餐時光！

幼犬是指離乳後到十二個月大的小狗。幼犬所需要的營養重點是:蛋白質、脂肪、碳水化合物、維生素、水分、鈣質 (尤其是大型犬)。我規劃的這一套幼犬鮮食,不只運用富含豐富鈣質的高麗菜,提供牠們需要的維生素外,亦選用牛肉來為尚在發育的幼犬提供營養充沛的蛋白質,讓可愛的毛孩子健康無憂地成長。

成犬則是指兩歲以後,已經可以生產的年紀。成犬的營養除了注重均衡之外,也要注意是否容易消化和低脂肪,當然也要以預防各種可能疾病為主。

大約七到八歲的狗狗已經慢慢步入老年期。在準備老犬的餐點時,要特別注重是否容易消化,以及需要對於疾病預防和活化心血管有所幫助。

毛寶貝就是我的家人,與家人共餐是最幸福的事了,將我喜歡吃的東西也複製一份給他們,我吃滷肉飯,他們也一起吃滷肉飯。我去外地拍戲一拍就是一、兩個月以上,有時候真是想念台灣的料理,我會在腦袋裡列出回到台灣我想立刻去吃的東西,這幾道菜單也可以說是我的思鄉菜吧!

幼犬餐

番茄炒蛋
雞肉餐

我在剛開始做鮮食料理的時候，雞蛋只取了蛋黃的部分，後來才知道原來蛋白也有狗狗所需要的營養。整顆蛋都擁有豐富的動物性蛋白質，營養價值十分高，這也是為什麼我後來改為使用全蛋做鮮食料理的原因。

材料
雞肉　100公克
青椒　1/4顆
番茄　1/4顆
雞蛋　1顆

作法
1. 將雞肉先蒸熟切碎；青椒、番茄洗淨備用。
2. 青椒切小丁、番茄切大丁；雞蛋打成蛋花備用。
3. 熱鍋後轉成小火，放入青椒丁和番茄丁拌炒一分鐘，再加入蛋花翻炒至熟。
4. 最後將番茄炒蛋放在雞肉上即可完成。

毛孩子營養提示
★★★★★

番茄內提供茄紅素，以及大量的維生素C；青椒則有綜合的維生素及抗氧化物質。而雞蛋跟雞肉富含豐富的蛋白質，這些都有助於幼犬的生長。

幼犬餐

南瓜白蘿蔔牛肉餐

樂妹剛來我家的時候皮膚非常不好，時常會有白皮屑，就像人類的頭皮屑一樣，可能是因為在外面流浪的時候感染黴菌而引起，因此我開始尋找對狗狗皮膚有幫助的食材。後來發現白蘿蔔內有大量的膳食纖維，以及維生素C、維生素E、鈣、鋅等營養素，餵食一段時間後樂妹的症狀也慢慢改善了。

材料

牛肉	100公克
南瓜	80公克
白蘿蔔	80公克

作法

1. 牛肉蒸熟後切丁（也可以剁成肉泥！）；白蘿蔔蒸熟後切絲備用。
2. 將牛肉和白蘿蔔均勻地攪拌後備用。
3. 電鍋蒸熟南瓜至軟爛後，以湯匙壓成泥糊狀。
4. 最後將南瓜泥淋在攪拌好的牛肉以及蘿蔔絲上即可完成。

毛孩子營養提示
★★★★★

牛肉可提供幼犬所需脂肪、蛋白質，白蘿蔔則有水分且對便秘、皮膚、牙齒、骨骼都有幫助。另外南瓜有解毒的功能，幫助患有皮膚病的狗狗排除體內的毒素。

幼犬餐

雞肉蘋果懶人餐

這道懶人餐是我連著好幾天拍八點檔，實在沒有太多時間準備料理時最方便的餐點，雞肉既能顧到營養，而且放到電鍋裡一下就熟了，蘋果可以直接吃，又省了一道工序，很適合每天早上趕著出門的上班族家長們。

材料

雞肉　　100公克
豬軟骨　2個（小份）
蘋果丁　1/4顆

作法

1. 雞肉蒸熟備用。
2. 豬軟骨先汆燙一次，第二次加水到剛好可覆蓋軟骨，並煮到沸騰。
3. 將豬軟骨連同鍋內的水一起放入電鍋，因為不容易熟透，務必蒸兩次才會軟爛。
4. 最後將蘋果、雞肉、軟骨切丁，攪拌均勻後即可完成。

毛孩子營養提示
★★★★★

雞肉擁有營養的蛋白質，豬軟骨提供幼犬所需的鈣質和膠質，蘋果裡的果膠則含有豐富食物纖維。

幼犬餐

羊肉菇菇雞蛋餐

我剛好是在去年冬天的時候把 D 弟和樂妹接回家，牠們來我家的時候身材還很瘦小，那時想著替牠們冬令進補。羊肉的肉質細嫩，脂肪和膽固醇都少，但熱量卻高於牛肉，鐵的含量又是豬肉的六倍，能幫助造血甚至達到進補和防寒的雙重效果，所以不管是人還是狗狗，在寒冬內吃羊肉都可促進血液循環，並增加禦寒能力。

材料

羊肉	100公克
青江菜	2至3片
金針菇	1/4包
雞蛋	1顆

作法

1. 羊肉與帶殼雞蛋放入電鍋蒸熟，蒸熟後切成碎肉末及雞蛋末備用。
2. 青江菜跟金針菇放入炒鍋加水後，以小火慢煮至水收乾。(因為青菜煮太久營養會流失，所以不放入電鍋蒸。)
3. 將金針菇切成碎泥狀，拌入碎肉末及雞蛋末攪拌在一起。
4. 最後將青江菜加入攪拌好的羊肉裡或是擺在盤緣即可完成。

毛孩子營養提示
★★★★★

羊肉和雞蛋提供蛋白質和脂肪，青江菜則提供幼犬維生素和鐵質，金針菇擁有排毒的功能。

幼犬餐

薑汁 🐾 雞肉餐 🐾

D 弟跟樂妹剛來我家的時候身體不是很好，除了有皮膚病之外，還不停地拉肚子，後來發現薑可以改善腹瀉的狀況。但不知道狗狗能不能接受薑的味道，所以一開始我先打成薑汁倒在餐裡，發現牠們不排斥也能接受，等牠們長大一點差不多到了換牙的時候，我就剁成小塊直接餵食，牠們也不抗拒，於是我就放心大膽地把薑這個食材放在菜單裡了。

🦴 材料

雞肉	100公克
薑	20公克
乾香菇	4至5朵
紅蘿蔔	60公克

🍳 作法

1. 先將香菇泡水至軟備用。
2. 將薑、雞肉、香菇、紅蘿蔔放入電鍋蒸熟。（這樣可以減低薑的嗆辣味，增加它的適口性。）
3. 將蒸熟的雞肉和香菇切丁；紅蘿蔔切絲備用。
4. 薑放入果汁機打成泥，淋在雞肉、香菇和紅蘿蔔絲上即可完成。

毛孩子營養提示
★★★★★

雞肉含有蛋白質，薑有改善肝功能並防止幼犬腹瀉。香菇擁有能幫助狗兒骨骼強壯的維生素 C，餐點內的紅蘿蔔則有保護血管的功效。

開動吧！毛孩的幸福食堂

幼犬餐

牛肉高麗菜燉餐

我從來不知道高麗菜裡有大量的鈣質，也無法將高麗菜與鈣質聯想在一起，當我得知它有很豐富的鈣質時，正好是我希望讓還是幼犬的樂妹跟 D 弟能多攝取鈣質，幫助牠們的骨骼強壯的時候。而在換牙時期的幼犬正喜歡磨牙，這時候我們可以將牛肉放在最後煮，熟了馬上起鍋，此時的牛肉帶有嚼勁，正適合幼犬磨牙又可以吃到完整的營養。

材料

牛肉	100公克
番薯	50公克
高麗菜	50公克
薏仁	30公克

作法

1. 牛肉和番薯切丁、高麗菜切寬條；薏仁前一晚先泡水，用電鍋蒸兩次以確保軟爛。
2. 將所有的食材放入燉鍋內，水加至剛好蓋過食材；大火滾五分鐘後轉中火，燉煮到水收乾成泥狀後即可完成。

毛孩子營養提示
★★★★★

牛肉含有豐富的蛋白質和脂肪；高麗菜可強化腸胃，並提供了鈣質以及食物纖維；番薯擁有纖維質、澱粉和礦物質等；薏仁也富含有纖維可抑制癌症功能。

幼犬餐

紅豆蕃薯雞肉餅

這道料理中的紅豆也可以用電鍋蒸兩次，拿出來就會接近泥狀，可省去用湯匙壓成泥的工序。使用紅豆作食材也是因為剛帶樂妹回家的時候，她的皮膚實在太差了，除了前面提到的白蘿蔔外，想給她換換口味，但希望一樣可達到改善皮膚的食材，紅豆剛好可以抑制皮膚發炎，也對腎臟及心臟非常有幫助。

材料

雞肉　100公克
紅豆　30公克
番薯　50公克

作法

1. 將雞肉、紅豆、蕃薯放入電鍋蒸熟。
2. 雞肉切成碎肉；紅豆用湯匙壓成泥狀、蕃薯切丁備用。
3. 將蕃薯丁拌入紅豆泥中，用手壓成餅狀；再把切好的雞肉像麵包粉一樣灑在紅豆蕃薯泥餅上即可完成。

毛孩子營養提示
★★★★★

雞肉擁有豐富的蛋白質，紅豆對幼犬的皮膚有所幫助；番薯內含維生素、纖維以及礦物質。

幼犬餐

牛肉麥片南瓜湯

麥片非常有飽足感，可以替代米飯成為主食，且熱量低，因為麥片味道比較清淡，我也擔心樂妹跟 D 弟不吃，一開始我用大量的肉混入麥片，讓肉味的香氣誘導牠們將藏在裡面的麥片吃掉。

材料

麥片	20公克
南瓜	80公克
牛肉	100公克
青江菜	2至3片

作法

1. 前一晚將麥片泡軟備用。
2. 將所有食材放入電鍋中蒸熟。
3. 取出南瓜後，加些許水攪拌成湯汁。
4. 將牛肉和青江菜切成碎末，再加入麥片攪拌均勻，用手捏成三顆肉丸。
5. 最後將肉丸放至南瓜湯中即可完成。

毛孩子營養提示
★★★★★

牛肉富含鈣、鐵、維生素、胺基酸，麥片則有礦物質、食物纖維等。南瓜中含有類胡蘿蔔素，能幫助抗氧化，並增強抵抗力；青江菜的鐵質、維生素對狗兒也有助益。

幼犬餐

雞絲涼拌 水果拼盤

這是一道很適合夏日的消暑餐，作法簡單、營養十足，芭樂跟蘋果富含大量水分及維生素 C，可當作主食也可以是下午茶點心。當我們夏日吃水果消暑的時候，也可以讓狗狗跟我們一同享用水果拼盤喔！

材料

雞肉	100公克
芭樂	1/4顆
蘋果	1/4顆
雞蛋	1顆

作法

1. 雞肉蒸熟後放涼，用手撕成雞絲備用。
2. 雞蛋打散後，放入鍋中乾煎至熟，再切成蛋絲備用。
3. 將芭樂跟蘋果切丁，鋪在盤子上；最後把雞絲和蛋絲鋪上即可完成。

毛孩子營養提示
★ ★ ★ ★ ★

雞肉含豐富的蛋白質，搭配上清爽的水果，可以當成夏日的必備鮮食料理。蘋果裡的果膠含有纖維質和水分；芭樂切丁有助於狗狗咀嚼時清潔口腔，若對於消化不好的狗兒，可以將芭樂籽挖除後再切丁。

幼犬餐

牛肉涼拌馬鈴薯絲

我本身非常喜歡吃涼拌土豆絲，有一次在大陸東北拍戲，到當地餐廳用餐時，吃到非常好吃的涼拌土豆絲，回來之後很想跟家裡兩隻寶貝分享，但是狗狗不能吃太油、太鹹的食物，所以我就特製這道狗狗可以吃的涼拌土豆絲，希望牠們也能與我一起分享，吃到好吃料理時的快樂。

材料

馬鈴薯	50公克
青椒	1/4顆
牛絞肉	100公克
紅蘿蔔	50公克

作法

1. 將馬鈴薯切絲後，和青椒一起放入滾水中汆燙至熟備用。
2. 紅蘿蔔切絲後，與牛絞肉一起放入電鍋中蒸熟。
3. 將所有食材放涼後攪拌均勻即可完成。

毛孩子營養提示
★★★★★

牛肉擁有豐富的營養，青椒、馬鈴薯含有維生素，紅蘿蔔則能保護血管。

成犬餐

雞肉土豆烙餅

這道食譜充滿我的兒時回憶，我的阿嬤是印尼人，這道菜很像小時候阿嬤經常做給我吃的可樂餅，她用豬肉末、馬鈴薯、洋蔥攪拌成球狀，沾點蛋汁下去炸，因為懷念這個味道，我試著用類似概念改良成狗狗可以吃又營養的料理。

材料

雞肉	100公克
馬鈴薯	1顆
紅豆	30公克
雞蛋	1顆

作法

1. 雞肉跟馬鈴薯放入電鍋蒸熟。
2. 將雞肉切碎，與馬鈴薯攪拌均勻，再壓成圓餅狀。
3. 平底鍋中刷上一層薄薄的橄欖油，放入作法二，以中小火乾煎十到十五分鐘，煎至兩面金黃即可起鍋。
4. 紅豆放入電鍋蒸熟，加水拌成泥狀；趁此時煎荷包蛋。
5. 將紅豆泥鋪在盤子上，再依序放上雞肉土豆烙餅、荷包蛋即可完成。

毛孩子營養提示
★★★★★

此道餐中的紅豆富含狗狗易流失的水溶性維生素B群，但一樣要記得蒸至軟爛，狗狗才好消化喔！

成犬餐

南瓜醬 牛肉丸

幼犬需要的是全方位的營養，以幫助牠們在發育時期能打下良好的健康基礎，我會用多種食材以確保牠們獲得大量且多樣性的維生素，而成犬我會注重單一功效的營養補充，例如這道南瓜醬牛肉丸我運用了大量的南瓜，不但可以在肉丸裡吃到南瓜丁，也將南瓜打成醬汁，因為南瓜有解毒的功效，針對有皮膚病的狗狗是很好的營養補充食材。

材料

雞南瓜	1/4顆
牛肉	100公克
薑	20公克
青椒	1/4片

作法

1. 南瓜、牛肉、薑放入電鍋蒸熟後，取一半分量的南瓜切丁，牛肉、薑切碎，再一起攪拌均勻捏成丸狀備用。
2. 青椒切丁備用。
3. 取另一半南瓜加水，用湯匙攪拌成醬汁，淋在牛肉丸上，最後灑上青椒即可完成。

毛孩子營養提示
★★★★★

此道餐中的南瓜含有類胡蘿蔔素，具有抗氧化的功效，能夠讓患有皮膚病的狗狗增強抵抗力；薑則有促進血液循環的作用。

成犬餐

開羊
白菜

為什麼要將此道菜的羊肉分開料理呢？「切片」能夠維護成犬的牙齒保健，因為成犬經常使用牙齒咀嚼、撕開食物，有助於鍛鍊牙齒。至於大蒜能不能給狗狗吃呢？基本上需少量且不長期食用，大蒜確實是天然的除蚤蟲劑，但在目前臨床獸醫仍是具爭議性的一塊，尤其是一些對血液問題較敏感的品種犬，台灣環境多以小型犬為主的飼養型態，若家中狗兒對此食材不適應，也請斟酌拿掉。

🦴 材料

番茄	1/4顆
蒜末	2至3顆
羊肉塊	50公克
羊肉片	50公克
大白菜	50公克

🍚 作法

1. 番茄切丁備用。
2. 蒜末、羊肉塊及羊肉片放入電鍋蒸熟後，羊肉塊切碎，降溫備用。
3. 大白菜及蕃茄丁以大火燉煮十五分鐘後，轉中火倒入碎羊肉，最後再加入羊肉片約三十秒即可完成。

毛孩子營養提示
★★★★★

此道餐點能增強狗狗的免疫力、增加精力並減緩疲勞，還可殺菌驅蟲。大蒜對於狗狗來說是較具爭議性的食材，營養師建議可以切末少量生食，營養素會保留較完整，但不宜長期過量食用，容易刺激腸胃，若有所顧忌的話可以不添加。

成犬餐

涼拌牛蒡高麗菜

我去吃水餃時都會叫一碟小菜「涼拌高麗菜」，某次在大陸東北拍戲吃到非常好吃的「涼拌高麗菜」，而激發了我的料理魂，想要做一道類似口感的菜給家裡兩隻寶貝吃。後來發現日本料理也時常吃到涼拌的牛蒡，於是突發奇想將這兩種適合涼拌的食材加在一起，意外發現兩種食材的營養價值都很高，料理方式也簡單，推薦給平時忙碌又希望給寶貝吃得營養的家長們。

材料

高麗菜	50公克
牛蒡	1/4條
牛肉	100公克
雞蛋	1顆
乾香菇	5朵

作法

1. 高麗菜、牛蒡、牛肉、雞蛋、香菇放入電鍋蒸熟後，高麗菜、牛肉、雞蛋、香菇切碎，牛蒡切絲，待降溫後攪拌均勻。
2. 將蒸牛肉留下的肉汁淋在攪拌好的食材上即可完成。

毛孩子營養提示
★★★★★

牛肉及牛蒡皆含有鐵質、鈣質，能夠造血及強化腸胃。高麗菜則提供鈣質，而植物性的食材記得切碎，才能有利於狗狗消化，不需要為了美觀而保留原貌，因為狗狗吃東西是靠著氣味去增加食慾的！

成犬餐

紅燒雞丁

我們知道人吃紅蘿蔔有助視力，對狗狗也是，不僅如此，紅蘿蔔本身低卡路里、低脂肪，又富含高纖維、維他命 A、礦物質及抗氧化劑，是一種非常健康的食物，它還是天然的潔牙骨，生吃紅蘿蔔能藉由摩擦，去除牙齒上的汙垢跟結石。

材料

南瓜　　1/4個
紅蘿蔔　1/2條
雞肉　　100公克
青椒　　少量

作法

1. 南瓜、紅蘿蔔、雞肉蒸熟，切丁備用。
2. 取一半紅蘿蔔加水，放入果汁機打成醬，最後青江菜氽燙燙熟放入盤中即可完成。

毛孩子營養提示
★★★★★

紅蘿蔔中富含的胡蘿蔔素可以轉化為維生素 A，有助於皮膚跟毛髮的健康。但維生素 A 屬於脂溶性的維生素，適量即可，避免一次大量食用或長期過量食用。

成犬餐

黑芝麻牛肉 🐾歐姆蛋🐾

歐姆蛋的蛋餅要煎得漂亮、不會焦掉，關鍵在於「火候」！將平底鍋預熱調至中火，蛋汁下鍋後需不停擺動鍋子讓蛋汁鋪滿鍋面，當蛋餅已有一半成形即可轉小火，用這樣的方式控制火候，就不會煎出焦掉的蛋餅。

🦴材料

馬鈴薯	1 / 2 顆
牛肉	100公克
蕃茄	1/4顆
雞蛋	1顆
黑芝麻粉	20公克
起司	少許

🍚作法

1. 馬鈴薯、牛肉放入電鍋蒸熟，馬鈴薯切丁，牛肉切碎備用。
2. 番茄切丁備用。
3. 蛋打散後倒入平底鍋，以小火乾煎成蛋餅約七分熟，將馬鈴薯、牛肉、生番茄、黑芝麻粉一起攪拌鋪在蛋皮上，再擺上起司，將一半的蛋皮蓋上後即可起鍋。

毛孩子營養提示
★★★★★

此道餐香味俱全能刺激狗狗食慾，還能促進狗狗維持毛髮亮麗。

成犬餐

粉蒸香菇雞

這道料理非常推薦給忙碌的上班族，作法快速又便利，把所有食材切丁再一起放入電鍋蒸熟就可以吃了，家長們可以將所有食材在前一晚先切好，第二天起床放入電鍋後，就可以去洗臉刷牙準備上班，約十五分鐘電鍋跳起來就可以給狗狗吃了，並不會讓你因為準備狗狗的早餐而遲到喔！

材料

香菇	6至8朵
雞肉	100公克
番薯	1/4顆
白蘿蔔	1/4顆
蒜末	2至3顆

作法

1. 香菇、雞肉、番薯、白蘿蔔切丁，蒜末切碎備用。
2. 全部放入電鍋中蒸熟即可完成。

毛孩子營養提示
★★★★★

白蘿蔔內含有特殊的植化素、大量的膳食纖維，以及維生素C、維生素E、鈣、鋅等營養素能維持皮膚健康，但記得一定要煮至熟透！ 記得蒜頭的用量必須斟酌家中寶貝的狀況，也不可以長期過量食用，若有疑慮，可以不添加。

成犬餐

狗狗牛肉 🐾滿福堡🐾

有一次我帶兩隻寶貝出去溜達的時候，一旁的路人正在吃漢堡，兩隻寶貝停下來目不轉睛的盯著漢堡看，可能是牛肉的味道太香，讓牠們口水都要流下來了！心想我們都這麼愛吃漢堡，何不讓狗狗也嚐嚐漢堡的美味呢？

🦴材料

牛絞肉	100公克
雞蛋	1顆
番薯	1顆
紅蘿蔔	1/2條

🍖作法

1. 牛絞肉與蛋汁攪拌均勻後，壓成三片餅狀；下鍋乾煎至兩面煎熟。
2. 番薯與紅蘿蔔放入電鍋蒸熟後，分別壓成泥狀備用。
3. 第一片肉餅上鋪一層番薯泥，再放上第二片肉餅，接著鋪上紅蘿蔔泥，再蓋上第三片肉餅，就像三層豬肉滿福堡！

毛孩子營養提示
★★★★★

番薯是富含膳食纖維及維生素的好澱粉，亦能提供狗狗充足的能量。

成犬餐

草莓蘋果 🐾雞肉塔🐾

若一直給狗狗吃熱食擔心牠們覺得無聊，很想做一些甜點給牠們吃，於是就想了這道很像東南亞的甜點「摩摩喳喳」。草莓跟奇異果富含維他命 C 及抗氧化劑，我特地將果肉保留下來，讓牠們不但可以吃到果肉的纖維又可以喝到果汁，在炎炎夏日，非常適合讓狗狗消暑並幫助補充水分的一道夏季饗宴。

🦴材料

蘋果	1/2顆
草莓	4顆
奇異果	1顆
雞肉	100公克

🍖作法

1. 蘋果、草莓和奇異果切丁備用。
2. 雞肉蒸熟切碎備用。
3. 取些許草莓、奇異果各別用果汁機打成泥，分別倒入盤子中，再放上碎雞肉，最後灑上蘋果、草莓、奇異果丁即可完成。

毛孩子營養提示
★★★★★

奇異果中含有奇異果酵素，能幫助消化。

成犬餐

麥香雞營養早餐

蔓越莓不管是對人或動物的泌尿道系統都非常好，可以預防尿道發炎及腎結石；藍莓所含有的藍莓多酚則具有抗氧化物質、膳食纖維和維生素成分。麥片不但低脂也是很好的可溶性纖維，可以讓有便秘問題的狗狗排便順暢。

材料

材料	份量
蔓越莓	少許
藍莓	少許
香蕉	2根
雞肉	150公克
麥片	30至40公克
牛奶	1小瓶

作法

1. 蔓越莓、藍莓清洗備用。
2. 香蕉切片後，乾煎至焦黃。
3. 雞肉切碎蒸熟備用。
4. 麥片用熱水泡軟備用。
5. 將香蕉片、碎雞肉、麥片、蔓越莓和藍莓加入牛奶中即可完成。

毛孩子營養提示
★★★★★

蔓越莓及藍莓具有特殊的抗氧化物質能增強免疫力，香蕉能幫助腸胃蠕動，麥片具有良好的可溶性纖維，不僅熱量低還幫助消化，容易有飽足感。營養師有一點提醒狗爸狗媽們，因為有些狗狗的體內跟人一樣會缺乏乳糖酶，飲用牛奶易有腹瀉脹氣的問題，雖然有些狗狗不見得會有這樣的腸胃問題，但也不建議長期給狗兒們喝過量的牛奶，因為除了乳糖問題之外，牛奶的蛋白質也不利於狗狗消化。

成犬餐

蒜末牛肉定食

納豆雖含有特殊的納豆酶及營養物質，不過也含有豆類皂素，有些狗狗可能會有腸胃不適或腹瀉的情況，需注意自己的狗狗合不合適。大蒜可以增強免疫力、增加精力並延緩疲勞，是一個很棒的食材！

材料

牛肉　100公克
蒜末　2至3顆
油菜　少許
麥片　30至40公克
納豆　1小盒

作法

1. 牛肉跟大蒜放入電鍋蒸熟，牛肉切碎，與蒜泥一起攪拌均勻。
2. 油菜蒸熟後切段備用。
3. 麥片用熱水泡軟，將麥片與納豆分別裝入小碗。
4. 將作法一放入碗中，灑上油菜並搭配作法三即可完成。

毛孩子營養提示
★★★★★

大蒜能增強免疫力、增加精力並延緩疲勞，亦有殺菌、除蚤、驅蟲的功效，建議在狗狗除蚤、除蟲旺季，可以給狗狗間歇性少量食用，但記得蒜頭的用量必須斟酌家中寶貝的狀況，也不可以長期過量食用，若有疑慮，可以不添加。

紅豆薏仁 雞肉餐

老犬的器官不如壯年時期健壯，在準備食材方面我會以方便消化、容易吸收營養為原則。紅豆是非常便宜且容易取得的食材，它的營養價值極高，將紅豆煮到軟爛，能讓牙齒功能退化無法咬硬物的老犬方便進食，亦有利於狗狗腸胃消化。

材料

紅豆	50公克
薏仁	30公克
雞肉	150公克
橄欖油	少許

作法

1. 起一鍋滾水煮沸紅豆後，再以中火燉煮至泥湯狀關火備用。
2. 薏仁用電鍋煮至軟爛備用。
3. 雞肉用電鍋蒸熟備用。
4. 在雞肉與薏仁中滴入少許橄欖油並攪拌均勻。
5. 將紅豆泥放置在盤中央，周圍鋪上作法四即可完成。

毛孩子營養提示
★★★★★

紅豆、薏仁屬於粗糧，要煮至軟爛才有利於狗狗腸胃消化。建議買特級初榨橄欖油比較適合給狗狗吃，因為特級初榨橄欖油是直接從橄欖果中榨取的，它屬於較頂級的油品並不適合烹調，建議將食物煮熟後，再拌上特級初榨橄欖油即可。

紅蘿蔔 大麥餐

偶爾準備擁有飽足感的大麥餐，讓狗狗充滿元氣！食材中的金針菇最怕不好消化，在做這道料理的時候金針菇一定要記得切碎，體恤老犬已漸漸老化的消化系統，所以切越碎越好。

材料

麥片30至40公克
紅蘿蔔1/3條
金針菇1/4包
雞肉100公克
青花椰菜30公克

作法

1. 麥片用熱水泡熟，靜置約一小時後，攪拌成泥狀備用。
2. 紅蘿蔔、金針菇、雞肉和青花椰菜放入電鍋蒸熟；紅蘿蔔切絲、金針菇切碎，雞肉撕成肉絲備用。
3. 將作法二攪拌均勻後，放在大麥泥上，再放上青花椰菜即可完成。

毛孩子營養提示
★★★★★

紅蘿蔔中的胡蘿蔔素可促進眼睛、皮膚的健康。

老犬餐

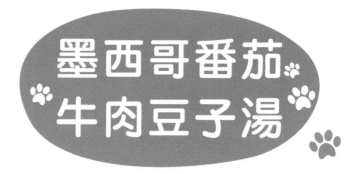

墨西哥番茄牛肉豆子湯

每當我到外地工作，吃到當地好吃的料理，我都會心生一個念頭，想讓家裡的寶貝們也能嚐到這些美味。既然不能帶著牠們環遊世界，我就異想天開地自己試試看烹飪各國美食給牠們吃，這道番茄牛肉豆子湯是墨西哥的國民料理，我通常煮一大鍋，一半給狗狗吃無添加任何醬料，另一半加點辣椒粉、蒜、洋蔥，最後撒上起司就是給我自己吃的啦！

材料

牛肉　150公克
薑　　少許
番茄　1顆
大豆　30公克

作法

1. 牛肉、薑和番茄放入電鍋中蒸熟。
2. 牛肉切碎，薑放入果汁機打成泥；牛肉和薑泥攪拌均勻備用。
3. 番茄放入果汁機打成番茄泥湯。
4. 將牛肉薑泥和大豆加入蕃茄泥湯中即可完成。

毛孩子營養提示
★★★★★

番茄具有豐富的茄紅素，加熱能更有利於茄紅素釋出。大豆裡頭的蛋白質則能提高腎臟機能。另外薑可促進血液循環。

老犬餐

涼拌牛蒡牛肉餐

涼拌牛蒡是我很愛一道日本料理，在牛蒡絲上面撒白芝麻，這涼拌小菜一直是我的心頭好。我們都知道牛蒡是日本人長壽的秘訣，牛蒡中含有各種礦物質，如鈣、鎂、鋅都具有抗氧化的作用，可幫助降血脂、血糖，降低心血管疾病的風險，再加上白芝麻有助消化，可說是一道養生料理。但請注意白芝麻給狗狗吃之前必須磨成粉，顆粒狀的白芝麻會讓狗狗的腸胃不好消化。

材料

牛絞肉	150公克
牛蒡	1/3段
青花椰菜	適量
橄欖油	少許
白芝麻粉	少許

作法

1. 牛絞肉、牛蒡和青花椰菜放入電鍋蒸熟備用。
2. 牛蒡切絲，青花椰菜切碎備用。
3. 將牛絞肉、牛蒡和青花椰菜攪拌，再淋上橄欖油、灑上白芝麻粉拌勻即可完成。

毛孩子營養提示
★★★★★

紅豆、薏仁屬於粗糧，要煮至軟爛才有利於狗狗腸胃消化。建議牛蒡、青花椰菜中含有豐富的膳食纖維及維生素礦物質；橄欖油則有利於維持皮膚和毛髮的健康。

老犬餐

雞肉薏仁南瓜粥

需要大量營養又必須兼顧消化的老年期，可以時常準備類流質的食物，讓狗狗好消化且能吸收營養。薏仁不容易軟爛，建議最好電鍋蒸兩次，以免不易消化，增加老犬腸胃的負擔。

材料

雞肉	150公克
青花椰菜	適量
南瓜	1/2顆
薏仁	30公克

作法

1. 雞肉、青花椰菜放入電鍋蒸熟；雞肉撕成肉絲，青花椰菜切碎備用。
2. 南瓜和薏仁放入電鍋蒸熟；南瓜取出後加水放入果汁機打成泥，薏仁續蒸一次直到軟爛。
3. 將南瓜泥水煮至收汁變稠狀，加入雞肉、青花椰菜和薏仁即可完成。

毛孩子營養提示
★★★★★

南瓜在中醫食療中有消炎解毒的功能，幫助患有皮膚病的狗狗排除體內的毒素。

老犬餐

水果 南瓜盅

偶爾也讓狗狗在視覺上有些不同的變化吧！（雖然牠們一心一意只關心好不好吃！）
當狗狗把南瓜盅裡的水果、雞肉吃完後，刨掉南瓜盅的外皮，裡面的南瓜肉可以二
度料理給狗狗吃喔！

材料

雞肉	150公克
南瓜	2顆
香蕉	1根
芭樂	1/2顆
橄欖油	少許

作法

1. 雞肉放入電鍋蒸熟後，切條備用。
2. 將取一個南瓜洗淨後在三分之一處剖開，清空南瓜籽備用。
3. 另一顆南瓜只取南瓜肉，放入電鍋蒸熟切丁備用。
4. 將芭樂切丁，和雞肉、香蕉、南瓜一起放入挖好的南瓜盅裡，滴入少許橄欖油即可完成。

毛孩子營養提示
★★★★★

香蕉所含的可溶性膳食纖維對腸道有所助益，芭樂切丁有助於狗狗咀嚼時清潔口腔，若對於消化不好的狗兒可以將芭樂籽挖除，再行切丁。

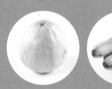

老犬餐

雞肉糙米稀飯

糙米不容易煮熟，建議用電鍋多蒸兩次，老犬除非是掉光牙齒，我會建議偶爾還是要讓老犬的牙齒功能活動，我將糙米煮軟而不是成粥，是想藉由糙米本身的硬度，再將它稍微軟化，可以吃到粒粒分明的顆粒，軟硬適中，正好可以訓練老犬牙齒的活力也不至於難以消化。

材料

糙米　50公克
雞肉　150公克
番薯　1顆
青椒　1/2顆

作法

1. 糙米用電鍋蒸至軟爛備用。
2. 雞肉用電鍋蒸熟切成肉末備用。
3. 番薯切成丁塊；青椒汆燙後切丁備用。
4. 將番薯與糙米放入鍋中，加入蓋過食材再多一個刻度的水，以大火煮十五分鐘；加入雞肉和青椒丁即可完成。

毛孩子營養提示
★★★★★

糙米以及番薯都是屬於膳食纖維高的粗糧澱粉營養價值相當高。記得糙米及青椒都要煮至熟透才不會有不易消化或嘔吐的現象。

老犬餐

這道食譜是為我養了10幾年的黃金獵犬 Jumbo 特別製作的，牠在去年 5 月過世了。在牠老年的時候我開始接觸到寵物鮮食料理，當時我想幫年紀大的 Jumbo 多補充老犬需要的營養，我認為這一道料理營養價值高，也適合給生病中的狗狗食用。

🦴 材料

高麗菜	1/4顆
青江菜	適量
紅蘿蔔	1/3條
牛絞肉	150公克
糙米	50公克
納豆	1盒

🍲 作法

1. 高麗菜和青江菜汆燙後備用。
2. 紅蘿蔔、牛絞肉和糙米放入電鍋蒸熟；紅蘿蔔切碎備用。
3. 將牛絞肉、糙米和紅蘿蔔攪拌均勻，鋪放在高麗菜片上，最後放入納豆和青江菜即可完成。

毛孩子營養提示
★★★★★

納豆中雖含有其特殊的納豆酶及營養物質，不過也含有豆類皂素，有些狗狗可能會有腸胃不適或腹瀉的情況，需注意自己的狗狗合不合適。

老犬餐

馬鈴薯牛肉可樂餅

日本小學生中午的便當時常是馬鈴薯牛肉可樂餅，可見這道料理提供的飽足感及營養，足以讓小學生有充沛的體力渡過一個下午，想讓狗狗吃飽且精力旺盛，這道料理絕對是最佳的選擇。

材料

紅豆	30至40公克
馬鈴薯	1顆
牛絞肉	150公克
雞蛋	2顆

作法

1. 紅豆放入電鍋蒸熟後 攪拌成泥備用。
2. 馬鈴薯和牛絞肉放入電鍋蒸熟後，攪拌均勻用手壓成餅狀。
3. 將可樂餅沾蛋汁後，下鍋乾煎至兩面金黃色；最後鋪上紅豆泥、配上一顆荷包蛋即可完成。

毛孩子營養提示
★★★★★

馬鈴薯和紅豆均屬於粗糧型的澱粉，富含膳食纖維有助於腸道蠕動，但要記得煮至熟爛，且一次量不要太大。

老犬餐

青椒薏仁 健康定食

偶而想給狗狗吃得清淡一點卻又不想失去營養？這道料理中的青椒及薏仁雖然口味清淡，但可別小看這兩種健康食材，青椒有清血管、薏仁有抗癌的功效，都是針對老犬容易罹患的疾病提供對應的營養，給老犬吃的時候請記得煮軟爛一點喔！

材料

青椒	1/4顆
紅蘿蔔	1/4條
薏仁	30公克
雞肉	150公克
雞蛋	1顆

作法

1. 青椒和紅蘿蔔汆燙後切絲備用。
2. 薏仁放入電鍋蒸兩次至軟爛備用。
3. 雞肉用電鍋蒸熟，切成雞肉末與薏仁攪拌均勻。
4. 雞蛋打散入鍋煎成蛋餅，起鍋後切成細絲。
5. 將所有材料混合攪拌均勻即可完成。

毛孩子營養提示
★★★★★

青椒則有綜合的維生素及抗氧化物質，青椒必須煮熟避免過於刺激而造成嘔吐的情況。

滷肉飯

滷肉飯是台灣最經典的小吃，滷得香噴噴的滷肉，肯定能讓毛孩子們食慾大開，但太過鹹和油膩可不行！用牛絞肉加上香菇末的顏色，就很像滷肉飯上面的滷汁，而薏仁跟糙米取代白飯，小黃瓜片就用番薯片來代替。

材料

薏仁	30公克
糙米	30公克
乾香菇	4朵
牛絞肉	100公克
番薯	1/4個

作法

1. 薏仁和糙米混合用電鍋蒸熟備用。
2. 香菇泡水；牛絞肉、香菇、番薯用電鍋蒸熟；香菇切碎，番薯切片備用。
3. 將牛絞肉與香菇攪拌均勻，放在薏仁混合糙米上面，最後擺上番薯片即可完成。

毛孩子營養提示
★★★★★

牛絞肉搭配香菇香氣十足，能夠刺激狗狗的食慾，但切記香菇要切碎，才能方便狗狗消化唷！

共享餐

清燉羊肉爐

有一次我去羊肉爐的時候，意外與店家老闆聊天時得知，羊肉對狗狗的毛色及皮膚很好，而羊肉爐的湯汁集合了所有食材的精華，所以非常建議餵食狗狗時，將羊肉爐的湯汁一併給狗狗嚐嚐。

材料

羊肉	150公克
高麗菜	1/4顆
香菇	6至8朵
薑	少許

作法

1. 羊肉切片，高麗菜切適量的大小，薑切末備用。
2. 香菇泡水五至十分鐘，切除香菇蒂頭備用。
3. 將全部食材放入鍋中，加水至可覆蓋的高度，大火煮十五至二十分鐘即可完成。

毛孩子營養提示
★★★★★

給狗狗吃的羊肉爐，記得別放鹽巴等調味料，用最簡單、最原始的湯汁給狗狗淺嚐即可，冬季天冷在進補時，我們可以讓狗狗也一起暖暖身、暖暖胃唷！

共享餐

番茄牛肉起司蛋包飯

這裡用青椒取代了蛋包飯上面的蔥花，因為狗狗不能吃蔥喔！「蔥」對狗狗會造成紅血球的溶血症狀，引發嚴重的貧血問題。將番茄打成泥像極了蛋包飯一定會有的「番茄醬」！

材料

番茄	1顆
青椒	適量
馬鈴薯	1/2顆
牛絞肉	100公克
雞蛋	1顆
起司	少許

作法

1. 番茄、青椒、馬鈴薯、牛絞肉放入電鍋蒸熟，番茄用果汁機打成泥，青椒切丁，馬鈴薯去皮後壓泥備用。
2. 將馬鈴薯泥與牛絞肉攪拌均勻。
3. 蛋打散後倒入平底鍋，以小火乾煎至七分熟起鍋。
4. 將作法二放在蛋皮一半的位置，上面放起司，把另一半闔上，再撒上青椒丁，最後淋上番茄泥即可完成。

毛孩子營養提示
★★★★★

番茄內提供茄紅素，和大量的維生素C；牛肉含有豐富的營養，馬鈴薯則能提供維生素。

共享餐

Potato Skin

我媽媽燒得一手好菜，從小就愛吃她煮的菜，所以我吃東西口味偏好中式料理，這道 Potato Skin 是我愛吃的少數西式料理之一，尤其起司融化的香味更是令人垂涎，後來發現狗狗也可以吃起司補充鈣質時，實在太開心了！但是家長們請注意，給狗狗吃起司的時候，鹽分不可過量，對牠們腎臟的負擔太大，反而會對身體造成傷害喔！

材料

馬鈴薯　1顆
南瓜　　1/2顆
薏仁　　30公克
牛絞肉　150公克
起司　　少許
青江菜　適量

作法

1. 馬鈴薯切片，起一平底鍋放入馬鈴薯片，兩面乾煎至金黃色備用。
2. 南瓜、薏仁、牛絞肉放入電鍋蒸熟，南瓜用果汁機打成泥，放入鍋中加入起司一起熬煮成醬汁備用。
3. 青江菜汆燙後，切片備用。
4. 薏仁、牛絞肉攪拌均勻放在馬鈴薯上面，再淋上南瓜起司泥，青江菜擺盤點綴即可完成。

毛孩子營養提示
★★★★★

起司雖然可以補充鈣質，但千萬不要過量了，因為鹽分攝取太多，反而會對狗狗造成傷害。

共享餐

咖哩雞

我們家人燒得一手好菜絕對是遺傳,我最喜歡吃阿嬤煮的印尼口味咖哩雞,所以對於這道料理情有獨鍾,不但自己常吃,也常常做給狗狗吃,就好像是一道傳家之寶的料理,每次在煮這道咖哩雞都會勾起我對阿嬤的懷念。

🦴 材料

雞肉	150公克
紅蘿蔔	1/4條
馬鈴薯	1/2顆
南瓜	1/2顆
青椒	適量

🍖 作法

1. 雞肉、紅蘿蔔、馬鈴薯、南瓜去皮切丁,青椒切丁;全部放入電鍋蒸熟備用。
2. 南瓜用果汁機打成醬備用。
3. 將南瓜醬淋在雞肉丁、馬鈴薯丁上,並將青椒丁灑在南瓜醬上即可完成。

毛孩子營養提示
★★★★★

狗狗當然不能吃「真的」咖哩,不過以能抗氧化的南瓜泥來代替,相信一樣色香味俱全,能夠吸引毛寶貝注意的!

麻婆豆腐

我們人類吃的麻婆豆腐，裡面紅色的醬汁是辣椒，但是狗狗不能吃辣，那要怎麼煮得像麻婆豆腐的醬汁呢？我想到南瓜是黃色，番茄是紅色，兩者混在一起不就像是麻婆豆腐裡黃黃紅紅的醬汁，紅椒像辣椒，做一道狗狗專屬的麻婆豆腐餐一點也不難！

🦴 材料

南瓜	1/4顆
番茄	1顆
青椒	適量
紅椒	適量
豆腐	1塊
紅蘿蔔	1/4條
牛絞肉	100公克

作法

1. 南瓜、番茄、青椒、紅椒、豆腐、牛絞肉放入電鍋蒸熟，南瓜和番茄放入果汁機一起打成泥，青椒、紅椒、豆腐切丁備用。
2. 將豆腐鋪在底部，其餘食材混合，最後再淋上南瓜番茄泥即可完成。

毛孩子營養提示
★★★★★

以有抗氧化作用的南瓜泥和擁有豐富維生素的番茄泥入菜，是十足能增進抵抗力的料理！

共享餐

牛肉丸

周星馳的電影《食神》裡的「爆漿瀨尿牛肉丸」,是每次去港式飲餐必點的點心之一,電影中的牛肉丸很 Q 彈,戲中的經典台詞說:「平均每片牛肉要搗 26800 多次」,牛肉丸要做的 Q 彈爽口唯一法則就是要花功夫「搗肉」,我們不用搗 26800 次,只要多捏幾次就會讓牛肉丸 Q 彈度加分許多。

材料

蘋果	1/2顆
紅蘿蔔	1/4條
牛絞肉	150公克

作法

1. 蘋果、紅蘿蔔去皮切丁備用。
2. 蘋果丁、紅蘿蔔丁與牛絞肉攪拌均勻捏成球狀,用電鍋蒸熟即可完成。

毛孩子營養提示
★★★★★

蘋果裡的果膠含有豐富食物纖維和水分;紅蘿蔔中富含的胡蘿蔔素可以轉化為維生素 A,有助於皮膚跟毛髮的健康。

共享餐

黃金肉餅

這也是一道充滿兒時回憶,小時候路邊有賣炸番薯餅,遠遠的就聞到香味,把它變化一下,加入雞肉與牛蒡,營養不單一,用番薯片的形狀作成這道黃金肉餅。

材料

番薯　1顆
雞肉　150公克
牛蒡　1/4根

作法

1. 番薯、雞肉、牛蒡放入電鍋蒸熟;番薯去皮再用湯匙壓成泥,雞肉切末,牛蒡切絲,將雞肉、牛蒡攪拌均勻備用。
2. 將雞肉牛蒡餅外面包裹一層番薯泥,下鍋以中小火乾烙至兩面金黃即可完成。

毛孩子營養提示
★★★★★

把高營養價值的番薯泥,和含鐵質的牛蒡一起入菜,相信再加入營養的雞肉,絕對能吸引你家狗兒吃下肚!

共享餐

香菇雞

當我們生病或身體虛弱時，媽媽會煮上一鍋香菇雞湯給我們補氣提升免疫力，雞湯的營養價值高，我們在熬煮雞湯時雞肉的營養會被熬煮出來，所以雞湯富含了雞肉的所有營養，記得多留點湯汁可以加在狗狗的下一餐中。

材料

雞肉　　150公克
香菇　　8朵
薑　　　少許
高麗菜　1/4顆

作法

1. 雞肉切丁，香菇用水泡軟後切除蒂頭，薑切碎，高麗菜切絲備用。
2. 將所有材料放入電鍋中，加水蓋過食材煮熟即可完成。

毛孩子營養提示
★★★★★

因為這道菜是共享餐，照片裡的香菇是沒有切的，如果要讓狗兒吃香菇的話，請記得要先切碎後，再放入牠們的食物裡喔！

共享餐

大盤雞

在大陸拍戲時很常被劇組帶去吃蘭州拉麵，蘭州拉麵都是維吾爾族、新疆人開的，菜單裡一定有大盤雞這道菜，因為大盤雞是維吾爾族人的主食，就像我們把米飯當作主食一樣，當我吃到這道大盤雞的時候驚為天人，印象深刻，所以回來後就把它稍微改變一下，就是一道狗狗也可以吃的新疆料理了！

🦴 材料

薏仁	30公克
雞肉	150公克
紅椒	1/4顆
青椒	1/4顆
馬鈴薯	1/4顆

🍲 作法

1. 薏仁放入電鍋蒸熟備用。
2. 雞肉、紅椒、青椒、馬鈴薯切丁備用。
3. 將作法二食材乾炒一遍，加水蓋過食材，以大火煮到湯汁剩三分之一，再轉小火煮到濕潤濃稠即可完成。

毛孩子營養提示
★★★★★

紅椒和青椒一樣都要煮熟才可以給狗狗吃喔！基本上給狗狗吃的食物，在炒食材時是不會另外加油的，這道餐裡頭的油脂是雞肉本身的油脂，就能避免狗兒吃下太多油。

共享餐

親子丼

我喜歡吃日本料理但是我不敢吃魚,所以親子丼是我少數選擇中的最愛,親子丼裡的重頭戲就是滑嫩濃稠的蛋,在煮蛋的時候「火候」的控制是重點,最好將鍋子先預熱後,再轉小火慢煮。

材料

糙米薏仁	50公克
番薯	1/4顆
雞肉	150公克
青江菜	少量
雞蛋	1顆

作法

1. 糙米和薏仁放入電鍋蒸熟備用。
2. 蕃薯、雞肉、青江菜放入電鍋蒸熟,番薯切絲,雞肉切丁備用。
3. 將蛋打散,起一平底鍋倒入蛋液,以小火煮熟備用。
4. 將糙米和薏仁鋪在碗底,放入作法二,最後將蛋鋪上即可完成。

毛孩子營養提示
★★★★★

親子丼的蛋汁當然是重頭戲,但是因為要給狗狗吃,所以請避免讓牠們吃到生的雞蛋,我們要吃的再自己另外打就好囉!

CH4 相知

關於毛孩的大小事

狗狗就像人一樣，也可能會感冒、生病，有時候也會心情不好，雖然沒辦法直接和牠溝通，卻可以從小地方觀察毛孩是不是身體不舒服。身為牠的主人和家人，當然也要肩負起照顧牠的責任，本章節列出了一些狗狗常見疾病和問題，讓你更認識家中的毛孩子！

毛小孩的喜怒哀樂
從互動中觀察的出來嗎？

心情篇

　　狗狗是狼演化而成的群居動物，狗狗之所以能與人類成為好朋友是因為有研究發現，狗狗的智商相當於一個兩歲小孩的智商，兩歲小孩已經懂得如何與大人互動，也會經由模仿學習各種社會化的行為，再加上大部分的狗狗天性活潑好動，所以越來越受到人類的喜愛。

　　每天回家的時候看到狗狗早已坐在門口，一開門立刻興奮地搖尾巴熱烈的歡迎我回家，一整天的疲累瞬間煙消雲散。毛小孩的喜怒哀樂你是否看得出來呢？仔細觀察一下你家狗狗的日常行為代表什麼吧！

你有在聽我說話嗎？

　　當狗狗歪著頭看你的模樣簡直要讓心融化了，彷彿很認真的在聽你說話，心情好跟牠說說發生了什麼好事，心情不好也告訴牠為何心情不好，因為牠是你最忠實的朋友，你願意把最私密的心事告訴牠，但是狗狗真的聽得懂你說的話嗎？別被騙了！每次牠歪頭看你的時候，你一定會捧著牠的臉說好可愛，狗狗感受到你的讚美及喜悅，不是只有狗狗會帶給你開心，你的讚美與鼓勵也會讓牠們很開心有你做牠的家人喔！

搖擺尾巴代表的意思

　　一般來說，看到狗狗搖擺尾巴都會覺得此時此刻的牠應該很興奮，其實搖尾巴的方式不同代表著狗狗不同的情緒。

搖尾巴的動作	表示……
尾巴高舉、快速的擺動，同時耳朵豎起，眼神興奮，前半身趴在地上。	撒嬌，想要找你一起玩耍。
尾巴擺動的很規律，平靜地站立或坐下等待，眼神明顯透露出期待或是渴望感。	在等待你餵食牠。
立起飛機耳，看起來全身緊繃，尾巴伸直打平。	有陌生人或動物靠近牠的領域，讓牠豎起防備心，這時最好帶牠離開現場，轉移牠的注意力。

打呵欠是告訴你「不要再叨叨唸了！」

　　家裡有狗狗的一定遇過這種狀況，在你出門的時候玩得太激烈，把整個家搞得天翻地覆，回家看到慘不忍睹的案發現場，先把牠抓來訓斥一番，當你抓著牠的肩膀叨叨唸個不停的時候，牠卻在你面前大打呵欠，氣死你了吧？！其實打呵欠對狗狗來說是「解除緊張」的方式，狗狗如此高智商怎麼會不明白你正情緒激昂的指責牠，當你在罵牠的時候，牠也很緊張並希望這一切趕快結束，牠才可以繼續去玩耍，所以用打呵欠來告訴你：「好啦，我知道你很生氣，不要生氣了嘛！那我可以去玩了嗎？」

愛你才讓你摸肚皮喔！

　　肚子是狗狗最私密的地方，如果你家狗狗很愛翻肚皮給你摸摸，恭喜你！這表示牠很在乎你、信賴你，當牠睡覺睡到四腳朝天的時候，也代表著這個家的環境讓牠感到很安全。

跟狗狗一起運動

　　狗狗的祖先是犬科，天生喜愛狩獵遊戲，而「你丟我撿」就是最好的狩獵遊戲，當狗狗想跟你玩的時候會將前身接近趴在地上，屁股翹起來，拼命搖著尾巴。每當牠擺出這種姿勢的時候，你應該就要知道牠在熱烈地邀你陪牠一起玩耍，這時候請你放下手邊任何想做、正在做的事，跟狗狗一起做個運動！

狗狗的叫聲代表什麼？

　　門外有一點風吹草動狗狗就會吠叫，這是因為狗的防衛本能很強，稍稍感受到威脅就會啟動防衛機制。家裡有陌生訪客來時，狗狗在不熟悉這位來訪者的情況下可能會拼命的吠叫，甚至做出攻擊性行為，像是咬人等。有時候狗狗也會對比自己更大隻的狗、路邊經過的車子、小孩子吠叫，藉此行為保護地盤或是顯示自己處於優勢。

　　這些是由於狗狗在「社會化」的過程中主人過於溺愛，一般是在一到三歲時，如果主人這期間用正確的教育方式，教導狗狗如何與其他的人類、動物相處，應該可避免長大後的攻擊行為，若個性已經養成則可請專業的獸醫師或訓練師重新調教。

狗狗比人更容易有「分離焦慮症」

　　狗狗與貓咪很不相同，狗狗是群居的動物所以很需要人類或其他同伴的陪伴，貓咪反而獨處較自在，狗狗長時間單獨在家容易罹患分離焦慮症，如果平時大小便都會乖乖的在固定的位置，主人一出門反而隨意大小便，在主人一進家門的門口或在床上。有些狗狗會刻意破壞傢俱或物品，這跟玩得太興奮是不同的，你會看出刻意破壞的痕跡。狗狗是很怕寂寞的動物，如果有以上的情況發生請先帶他去給專業的獸醫師看診，尋求解決的方式。

小案例分享

更令人擔憂的是狗狗出現不斷舔身體的同一個部位，通常是腳趾頭，舔到皮破血流，我還聽說過一位朋友因為上班時間較長，狗狗長期一個人呆在家中，用下巴去磨蹭門到潰爛流血，令人好心疼！

我家狗狗好像有分離焦慮症，每次我出門牠就叫個不停，怎麼辦？

小孩子與父母分離較長的時間，或到一個陌生的新環境，容易產生焦慮，最直接表現焦慮的方式就是哭鬧不休，這就是典型的分離焦慮症。人與狗狗互相陪伴彼此應該是開開心心的，但黏過頭了變成一分離就焦慮，陪伴反而變成負擔。首先帶狗狗去獸醫院做健康檢查確定是否罹患分離焦慮症，因為亂尿尿有可能是泌尿道感染，不安焦躁也有可能是身體不舒服的反應。如經醫生診斷確定罹患分離焦慮症，醫療方面由醫生決定狗狗是否需要服用抗憂鬱藥物，家長則是需要多花點功夫與狗狗一起進行「行為矯正」，所謂的「行為矯正」不是關禁閉，更不是處罰牠，這樣只會讓症狀更加惡化！

行為矯正的重點在改變你跟狗狗的關係，從狗狗出生到六個月大是社會化的黃金時期，如果沒有讓狗狗跟除了你之外的陌生人或動物有頻繁的互動，牠的世界只有你，當每次唯一的依靠看似要離開的時候牠就會開始擔心、害怕、焦慮不安，所以你要做的事就是訓練牠獨立，就像小孩長大了父母要學會放手。訓練前有一個原則請你謹記在心：「會吵的小孩有糖吃是不對的」，不可以讓狗狗每次在哀哀叫之後就得到你的關注，這樣牠以後只要想得到注意力就會用吵鬧的方式，因為你讓牠覺得這招很管用，徹底執行此原則，行為矯正訓練才容易成功。

專家建議 你可以這樣做：減敏法

這是目前大多數人用過比較容易成功的方法，可以找一天你完全有空的時間，先離開家五分鐘，再來十、二十分鐘……，每次離開家、回到家，盡量不要有太明顯的動作，例如拿鑰匙、穿鞋子、拿包包等，請裝作你只是從這扇門走進另一個房間一樣輕鬆，一天之內這樣進進出出可多達二十次，讓牠知道你不是永遠離開牠，你出去了還是會回來。每次回來可以從外面帶點小零食給牠，讓牠覺得只要主人從外面回來就有「好康的」，慢慢的觀念也會轉變成「拔拔麻麻不是永遠離開我」，我知道這樣的訓練很累人，但是為了你跟牠的身心靈健康著想。如果經過幾次這樣的訓練還是無法讓狗狗的行為矯正過來，請觀察一下自己是不是出門前有什麼小動作或眼神讓牠們感受到你的「不捨」？

減敏法的訓練到你消失一、兩個小時狗狗都不會再吵鬧不安，就可以試試看離開家半天的時間狗狗的反應。每天帶他出去散步十五到三十分鐘，消耗多餘的精力，轉換一下環境分散牠的注意力；或是準備一些益智遊戲的玩具，先帶牠玩然後培養牠自己玩，讓牠獨自在家時有事做，而不是一整天無聊發呆期盼你回家陪牠玩。也有人會建議再養一隻寵物陪伴牠，但是我認為這不是根治分離焦慮症的藥方，最重要的是改變你跟牠之間過分依賴的關係。

狗狗為什麼會吃自己的糞便？

看到狗狗吃自己的糞便，你一定覺得又噁心又不衛生吧！尤其牠吃完之後還來舔舔你的嘴巴……。但在你開始罵牠之前，請先了解狗狗吃糞便的原因。剛出生的幼犬因為還沒有行為能力，不會自己大小便，必須仰賴媽媽一邊舔食一邊大小便，此時狗媽媽幫寶寶吃掉糞便，是為了防止味道外洩，引來其他動物的捕獵，以保護自身的安全，當狗寶寶漸漸長大能保護自己之後這個習慣就會慢慢消失。

但是當你家的狗狗已經是成犬，卻出現吃掉自己糞便的行為時，你要注意狗狗可能過度飢餓導致營養不良，從自己的糞便中攝取養分是牠們的天性；又或者是腸胃道可能出了問題，因為吸收不良導致糞便裡還殘留食物的味道，狗狗聞到大便中有食物的味道而引起食慾。如果我們三餐都有定時定量餵牠們，那有可能腸胃裡有了寄生蟲，吃了也感覺吃不飽，就像肚子裡有蛔蟲的小孩，營養都給蛔蟲吃掉了，明明吃很多看起來還是很瘦。這時先帶狗狗去給獸醫師驅蟲，平時也可以在食物中添加益生菌幫助吸收，這樣就能避免排出來的大便裡有食物的味道。

每日多觀察多關心，及早發現狗狗是否生病！

身為狗奴每天除了餵飽毛小孩之外，還有一項很重要的任務，就是觀察狗狗進食與排泄的狀況，假設平日餵食固定分量狗狗皆可吃光光，但是突然超過兩天以上剩下近乎一半的食物，這時要觀察牠的精神狀況是否良好，用平日牠最愛玩的「你丟我撿」遊戲測試一下，如果牠意興闌珊不想玩，那狗狗可能生病了！狗狗身體不舒服也會和人一樣出現精神萎靡的情況，平常活蹦亂跳，卻突然變得沒精神，步伐緩慢，變得不愛動，如果還伴隨著嘔吐、腹瀉等症狀也很可能是生病了。

而狗狗糞便的形狀也是判斷腸胃健不健康的指標，正常的「黃金便便」是緊實的、咖啡色，用面紙拿起來的時候不會散落，不會過於乾硬也不會濕軟到拿不起來。拉出「黃金便便」的狗狗可以說腸胃道非常健康！過硬的大便可能是喝水量不足；太軟的大便就像我們人一樣，拉肚子了！若發現便便裡有混血，就要立即帶去看獸醫，千萬不要耽誤就醫時間。

另外，也要養成定期幫狗狗量體重的好習慣，不管是人或狗生病一定會造成體重下降，尤其是長毛狗或小型狗，一點點體重的變化都有可能是生病的警訊，而我們每天跟牠們相處，所以無法一下就察覺出狗狗體重的變化了，所以養成一週量一次體重的好習慣，可隨時了解狗狗是否健康。如果是大型犬，例如黃金獵犬，我們無法抱著牠站上家裡的體重計，而一般中小型犬可用簡易的方式隨時在家幫牠們量體重。方法很簡單，先抱著狗狗站上體重計，記錄下你加上狗狗的總體重，再量自己的體重（這一步可別省略，人的體重每一天也會有些微的變化），總體重扣到你的體重，就是狗狗的體重啦！

心臟篇 狗狗若罹患心臟病，該如何照護？

　　心血管疾病一直以來都佔據狗狗死因的榜首，為什麼心臟病對狗狗有如此大的衝擊？跟人類一樣狗狗的心臟病有分「先天性心血管疾病」、「老化退化型心臟病」以及「傳染性心血管疾病」。

先天性心臟病

　　先天性心臟病是由於遺傳因素或是狗媽媽生產時各種原因所引起的心臟發育不良。先天性的心臟病多數在半歲到一歲被發現，症狀會是發育遲緩、瘦弱、不愛運動，或是無法查明原因的咳嗽、暈厥、四肢浮腫等。先天性心臟病在小型犬較為常見，有部分小型犬的病程可能惡化快速，或是有突發性的變化，但也有部分小型犬的病程進展緩慢，在真正導致心臟衰竭之前，可能有好幾年的時間只有心臟雜音，但沒有症狀、不會不舒服，因此也就容易讓主人忽略問題的存在。所以家中有小型犬的朋友可以提早帶狗狗去做身體健康檢查，防患未然。體重超過二十公斤的大型犬也有不同於小型狗的其他先天性心臟問題，一樣是不能掉以輕心的。

後天性退化型心臟病

　　如果是後天性的退化型心臟病，多半在中老年時被發現，大約在十歲之後可能陸續開始出現症狀發生，症狀包括咳嗽、過度的喘息、短淺而快速的呼吸、因循環不良而使黏膜蒼白且精神委靡、心跳過快或過慢。當發現有咳出粉紅色分泌物、呼吸困難的症狀時通常都已到了嚴重的程度，同時也可能導致其他器官的併發症，所以在病程進展到很嚴重的程度之前，當你發現狗狗有以下類似的症狀請不要猶豫趕快帶狗狗去獸醫院檢查一下。

行為	外觀
經常咳嗽	昏厥和虛脫
運動能力降低	腹部腫脹
食慾降低	倦怠和虛弱
呼吸困難，例如：快速呼吸或哮喘	體重顯著的增加或減少

如何控制及穩定狗狗的心臟病？

對於有心臟病的狗狗而言，居家照顧的品質好不好，對病程進展的控制具有很大的影響，以下一些小常識與大家分享。當溫度有大幅度變化的時候要特別注意，夏天如果室內溫度超過攝氏二十七度最好開冷氣給狗狗吹，毛也可以稍微剃短幫助散熱，市面上有許多散熱的涼墊也可以在家裡的地上、床上多擺幾個，讓狗狗不管到哪睡覺都可以感覺到很涼爽。冬天就要注意保暖，室內溫度最好控制在攝氏二十三度左右，尤其寒流來的時候最好家裡可以時常開著暖氣，或是用毛巾、毛毯等保暖的物品幫狗狗做幾個小窩，分散在家中不同的角落。

而心臟不好的狗狗代謝通常都有問題，因為身體不能及時地將鹽分和水分排出，體內的水分容易堆積在肺部，後期通常會有肺積水的症狀。這時候狗狗容易不停的咳嗽，

必須注意空氣品質，可以使用空氣清淨機，來降低空氣塵埃對呼吸道的刺激，保持適當的通風環境。

另外，體重控制也是重要的環節，因為心臟病會讓狗狗的心臟和循環系統所能承受的壓力較小，如果狗狗過胖，那就要想辦法協助牠減肥，才不會增加心臟與循環系統的負擔。該怎麼減肥呢？可以維持一天餵食二至三次的少量多餐的飲食習慣，或是改變狗狗的食譜，將高熱量食物換成低熱量的健康食品，當然不能給狗狗吃人類調味過的食物，過多的鈉累積在體內就易引發積水。雖然適當運動對狗狗健康有益處，但是如果是有心臟病的狗狗反而要注意不能做太劇烈的運動，適度運動每十五分鐘就該休息十分鐘，再做下一回合的運動。

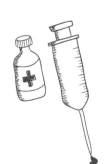

傳染性心血管疾病

最後一種心臟病相信養過狗狗的人聽到都會聞風色變，那就是「犬心絲蟲」引起的心臟衰竭。心絲蟲是經由蚊子叮咬而傳播，寄生在心臟和肺動脈的絲狀寄生蟲，在氣候溫濕的台灣有高流行率，任何品種年齡的犬隻、住在戶內戶外、一年四季都可能感染。犬心絲蟲是可以存活五至七年，心絲蟲的幼蟲寄生在全身的血液裡，當受感染的狗狗被蚊子叮咬吸血時，幼蟲會順勢跑到蚊子體內，並藉由下一次的叮咬將疾病散撥出去，狗狗如果不小心感染到心絲蟲症，心臟會被大量的心絲蟲佔據，導致全身血液循環不良。

狗狗如果感染心絲蟲的初期很難察覺，一旦出現明顯的症狀，病情往往已經相當嚴重，一開始的症狀是咳嗽、莫名的喘，當氣喘如牛的時候表示整個心臟可能都被心絲蟲塞滿。一般常見的症狀有咳嗽、精神不振、食慾減退、運動耐力降低、易喘及疲憊、呼吸困難，嚴重的甚至會出現咳血、貧血、腹水、心肺肝腎功能衰竭。嚴重的心絲蟲感染要藉由動手術將心臟裡的心絲蟲取出，較輕微的心絲蟲感染才可以只用驅蟲藥殺死心絲蟲。

專家建議 該怎麼預防？

預防心絲蟲需要每個月吃一次預防藥，投藥劑量與狗狗的體重成正比，由於每個月都要定時投藥，且費用不便宜，越大型的狗狗劑量越高，有些家長一時疏忽沒能定期投藥。蚊子叮咬後存在狗狗體內的是第三期幼蟲，而從第三期幼蟲，經歷第四期、第五期，到最後長成成蟲大約需半年的時間，所以檢驗上會有半年的空窗期，建議沒能定期給狗狗吃預防藥的家長，一定要趕快帶狗狗去醫院做篩檢，如果這次篩檢未檢驗出有心絲蟲，帶回家後必須恢復定期投藥，六個月之後再篩檢一次，如果還是沒有檢出心絲蟲才能放心。

毛孩的手手和腳腳
也需要好好保護！

四肢篇

　　四肢是狗狗最常使用的地方，雖然牠們愛跟著主人一起跑步，但千萬不要以為牠們的體力無極限，要讓狗狗適時的休息喔！請避免在大太陽下讓狗兒長時間激烈奔跑，因為牠們的腳掌無法承受炙熱的柏油路，加上高溫也會讓狗兒容易中暑喔！來看看要怎麼保養牠們手手和腳腳吧！

認識「犬髖關節形成不良症」，你家的大型犬是否有此問題？

　　什麼是「犬髖關節形成不良症」？髖關節就是大腿骨連結到骨盆的地方，想像大腿骨末端是一顆球，髖關節是個杯子，正常的情況是球在杯子裡，即使晃動杯子球也不會跑出來，而犬髖關節形成不良症就是球不在杯子裡，或是在杯子裡但只要輕輕晃動球就會掉到杯子外面。髖關節對人類來說很重要，除了要承受上半身的重量外還是一個稱職的連結器官，日常全身性的任何一個小動作都會需要髖關節的運作才能達成。對狗狗來說髖關節更是全身最重要的關節，狗狗的追、趕、跑、跳等動作幾乎

都要靠髖關節完成，所以可想而知犬髖關節形成不良症對狗狗的影響有多大。

　　而這種疾病很常發生在大型犬身上，例如：拉布拉多、黃金獵犬、羅威那、德國獵犬等。它也可以説是一種遺傳發育型的疾病，只要有這個基因就一定會發病，但是很幸運的是現在的醫學可以在狗狗三、四個月大的時候透過檢查發現是否患病，越早發現狗狗有這個疾病可以趁早預防它惡化，並且延緩病程的速度。如果錯過了確診的黃金時期，此疾病會在狗狗三到十二個月大的時候發病，平時可多觀察狗狗的行動力，如果發現狗狗走路時跛腳不敢用力跳，站立時明顯後腿外八都是此疾病引起的症狀，一般狗狗可以連續跑步跳躍等運動超過十分鐘以上，但是患有犬髖關節形成不良症的狗狗因為關節疼痛，玩一下下就會停下來休息，或是主人摸到疼痛的關節，狗狗會把後腳抽開。後腿因不太能使力，肌肉也會逐漸萎縮，進而嚴重影響狗狗的生活品質。

照護重點	說明
體重控制	道理很簡單，就跟我們人類一樣，膝關節或髖關節不好，如果再不好好控制體重，會增加關節的負擔。狗狗對很多事情非常好奇、活潑又好動，相對地活動量變得很大，若不有效的控制體重，骨頭摩擦頻繁會造成關節磨損，也會讓狗狗疼痛。
限制運動量	雖然要限制活潑好動的狗狗運動量真的很困難，但是減少關節磨擦是延緩病程的關鍵，帶狗狗出去散步的時候最好繫上鍊子，控制牠的行走，避免牠過度的跑跳。許多主人喜歡跟狗狗玩後腳站立轉圈圈的遊戲，或是到公園擲飛盤讓狗狗飛奔跳到空中咬住，這些遊戲都不建議跟患有犬髖關節形成不良症的狗狗玩。
給予關節適當的營養補充品	葡萄糖胺與軟骨素已被證實在關節炎治療上可達到補充關節軟骨組織結構的效果，增加關節液的分泌量以及關節間的潤滑液——玻尿酸的濃度，同時降低軟骨素分解酵素的活性，延緩骨關節退化、摩擦發炎、疼痛和腫脹變形，改善關節的活動功能。

罹患「犬髖關節形成不良症」，該如何照顧？

毛小孩是我們一輩子的家人，如果不幸你家的毛小孩患有「犬髖關節形成不良症」，細心的居家照顧依然可以給牠們良好的生活品質，開開心心的過一輩子，有幾個照顧的重點與大家分享。

針對中大型的狗狗常容易罹患的髖關節形成不良，主要發生在幼犬和老犬時期。幼犬時期因關節不穩定及體重快速增加，導致髖關節在承受體重時持續產生較大的壓迫力及不正常摩擦，便會造成疼痛及關節的損傷與退化。老犬則因為身體機能的衰減，使軟骨和關節囊中的潤滑液製造產生問題或已不再分泌，進而得到所謂的退化性關節炎。在這兩階段的狗狗，都應適當的服用軟骨素。葡萄醣胺是身體內自然存在的一種物質，為構成蛋白多醣的主要成分，而蛋白多醣又是軟骨組織的主要成分。葡萄醣胺的主要功能是刺激受傷軟骨重建，它雖然略有消炎效力，但基本上是以重建僵硬和腐蝕的關節組織來減輕疼痛和腫脹，並使關節柔軟。將軟骨素與葡萄糖胺合併服用，比單獨使用葡萄糖胺或軟骨素的效果來得好。

認識狗兒的關節炎，讓狗狗不再忍痛！

有研究統計，在美國大約有 20% 的狗狗罹患關節炎，算是一種蠻普遍的疾病也讓很多家長感到苦惱。狗狗的關節炎通常是因為年齡老化而造成的退化性關節炎，它不只影響骨頭也會讓周邊的韌帶、肌腱這些軟組織受到損害，關節會感到疼痛連帶使關節的靈活度下降。

任何有關節的地方都有可能發生關節炎的問題，狗狗常見的部位有：髖關節、膝關節、踝關節、脊椎、腕關節、肘關節。狗狗為什麼會有關節炎呢？大部分患病的原因是老了退化，這屬於不可逆的病程，意外造成的關節外傷、先天性骨骼發育不良、體重過重都會造成關節過度負擔、病菌感染等。有些品種的狗狗因先天骨骼發育問題，屬於關節炎的高危險群，以下品種的狗狗要特別控制牠們的體重，以及在年老的時候也要限制活動範圍，避免跳高，或運動過量。

體型	高危險群的品種
大型犬	黃金獵犬、拉布拉多、德國狼犬、大丹狗、聖伯納
小型犬	吉娃娃、約克夏、瑪爾濟斯、臘腸犬、玩具貴賓

關節炎的症狀很難被發現，尤其貓狗本能上是很能忍痛的動物，通常已經到疼痛難耐的地步，才會出現明顯不適或表現出異常的行為，除非是非常細心的家長，一般來說很難觀察出來，例如：跛行、平時愛跑跳突然變得懶洋洋、走幾步路就趴下休息、上下樓梯會害怕；或是像患有關節炎的人，剛睡醒的時候會因為疼痛僵硬而起身困難，狗狗也會在起身的時候看起來僵硬甚至發抖。建議家裡有以上品種的家長可以在幼犬的時候先帶去專業獸醫院做檢查，提早確診也能提早治療，以延緩病程。

降低狗狗關節壓力的方式

關節炎是無法完全治癒的疾病，若家裡的狗寶貝出現退化性關節炎徵兆，需增加肌肉強度，像是游泳對關節炎的狗狗來說是非常好的運動，因為游泳是無重力的運動，在不負重無壓力的情況下增加肌肉的強度，有了強健的肌肉去鞏固關節，這樣當關節在活動的時候才不易受損。

體重過胖的關節炎狗狗也需減重，活動時才能降低關節的壓力。年紀大的狗狗如果有退化性關節炎，到後期可能因為雙腳無力容易滑倒，尤其大家很愛用的磁磚地板本身很滑，會造成罹病老狗生活上的不便，建議可以在狗狗平常的活動範圍鋪上軟墊或地毯，一方面可避免狗狗滑倒，也可以避免狗狗因情緒激動用後腳站起，增加後腳關節的負擔。

照護好毛孩子的牙齒、眼睛和耳朵，別輕疏小地方了！

五官篇

狗狗的五官是可以看出牠們的健康狀況，如果發現狗狗的眼屎變多或是鼻頭異常乾燥等情形，就要進一步觀察牠們是不是身體哪裡不舒服，千萬不要輕疏了小地方！

牙齒的保健攸關性命？要如何避免愛犬得牙周病？

我們人有二十八顆牙齒，長出智齒之後會有三十二顆，而狗狗的牙齒總共有四十二顆，人平均一天都刷兩到三次牙，狗狗的牙齒保健更是需要被細心地照顧。人會有牙齒相關疾病狗狗也會有，如果是吃鮮食的狗狗因為食物殘留在牙齒上會產生牙垢，久了就會形成牙結石，牙結石裡含有細菌，會破壞表面的琺瑯質，深入侵蝕裡面的象牙質及牙髓，接下來就會侵犯到神經，而感到疼痛。要如何知道你家狗狗有沒有牙周病呢？如果狗狗頻繁地搔嘴巴周圍的部位，牙齒變成黃色或茶色，嘴巴裡有腐爛的臭味，咀嚼食物時因為疼痛所以吃不下，就可能是牙根炎或牙齦炎，因細菌感染引起患部腫脹、流膿，嘴巴產生臭味，還會流口水流個不停，口腔內大量增生的細菌也可能擴及全身，造成心、肺、腎、肝等其他器官疾病。

牙周病是一連串牙齒疾病的惡化過程，最有效杜絕牙周病的方法就是從源頭斷根，也就是預防牙結石產生，最好每餐飯後都幫狗狗擦嘴巴及刷牙，可以用紗布纏繞在一根手指上，伸進狗狗的嘴巴裡擦拭牠的牙齒，一開始狗狗一定會很不習慣有異物進入口腔，所以不用每顆牙齒都刷到，先讓牠習慣刷牙這個動作，再來就可以到寵物店購買狗狗專用牙刷及牙膏，千萬不可以拿人用的牙膏給狗狗刷牙，因為人用的牙膏裡有氟化物、木醣醇和起泡劑，這些

都會影響狗狗的腸胃甚至肝臟，量多可能導致中毒。人用漱口水也不行，人用漱口水中會經常添加薄荷腦或是色素，同時也含有氟化物成分或是濃度不低的酒精，這些都會影響狗狗的健康。

幼犬換牙期會疼痛，如何幫助狗狗渡過因換牙帶來的不適？

如果養的是幼犬，在四到六個月的時候會換牙齒，提早一些可能二到四個月的時候就從換門牙開始，門牙共有六顆，在兩顆犬齒的中間一排就是門牙，五到六個月的時候全部的門齒都變成恆齒，再來才是換犬齒。狗狗在換牙的時候會感到痠癢疼痛，牠們會用咬東西的方式來舒緩這種不舒服的感覺，這也就是為什麼常常聽說家裡有養小狗的家長抱怨家裡的傢俱被咬爛，這時候可以多陪狗狗玩分散牠的注意力，把不能咬的東西就暫時收起來，多準備一些磨牙玩具給牠啃一啃。大型犬的換牙速度比較快，可能在五個月大時已經完成換牙。一般說來，不論是大型犬還是小型犬通常在一歲左右的時候結束換牙，所有的恆齒都會長齊了。

為什麼掉下來的乳牙會找不到呢？是不是吞進肚子裡了？別擔心！就跟狗狗吃骨頭一樣，會跟著便便一起排出，只是我們沒事不會主動去翻看牠的便便，所以換牙期通常我們不知道狗狗的牙齒是在什麼時候掉下來的，也找不到牙齒掉在哪裡，其實只要狗狗的食慾精神正常，就不用擔心吞下肚的牙齒會對狗狗造成健康的影響。

狗狗在高齡期也會掉牙，沒有牙齒的話，該如何幫助狗狗進食？

狗狗的平均壽命是十三到十七歲，一般來說一到四歲是幼年，五到九歲是青壯年，而十歲以上就算是老年。小型犬在十一歲時，才會出現老化症狀；中型犬則是到九歲，大型犬七歲就邁入老年，狗狗步入老齡的其中一個症狀就是掉牙齒，這次掉的牙齒跟人一樣，不會再長回來了。嚴重掉牙的老狗可能因為進食受到阻礙而營養不良，家長在食材上選擇軟而易消化的食物，如果是吃乾飼料的老狗，建議先將乾飼料泡水二十分鐘，待泡軟了之後再給狗狗吃。

不論是哪一階段的狗狗都需要充足的蛋白質作為營養來源，尤其是老年肌肉量流失嚴重的狗狗，更需要足夠的蛋白質攝取以避免營養不良，以及不均衡的狀況發生。而我們都知道肉類擁有豐富的蛋白質，所以自己動手做鮮食可以多添加肉類，如雞和羊肉的營養價值高，且脂肪和膽固醇的含量較低，將鮮食煮好後用食物料理機打成泥狀，方便已經沒有牙齒的老狗進食。

狗狗時常搖頭晃腦,是耳朵裡面有寄生蟲嗎?

當有異物不論是寄生蟲或髒東西進入耳朵,狗狗因為奇癢難耐而搖頭晃腦,企圖將耳朵裡的異物甩出來,或是用腳拼命抓耳朵後方,就可能是耳朵發炎或是有耳疥蟲。狗狗耳朵的構造與人類相似,耳道至鼓膜之間是外耳,如果外耳囤積太多耳屎久了容易形成感染,所以幫狗狗洗澡的時候也要特別小心,別讓水跑進耳朵裡。外耳若受到感染就是外耳炎,外耳炎的症狀是異常搔癢且耳屎變多,清完一輪很快又有新的耳垢,如果確定感染外耳炎,光是清潔耳垢是無法根治的,必須要接受藥物治療。

鼓膜內側受到感染是中耳炎,通常是外耳炎沒有治療或被發現,惡化之後變成中耳炎,中耳炎不會癢但是會強烈的疼痛。另外

有一種常見的寄生蟲,是寄生在狗狗的耳朵裡,叫作「耳疥蟲」,喜歡吃耳垢跟分泌物,會在狗狗的外耳產卵,然後不斷的繁殖。有耳疥蟲的狗狗除了會癢之外,耳朵還會發出惡臭,耳疥蟲很小但是肉眼還是看得到,如果掀開狗狗耳朵看見白色小顆的東西就是它了。我們可以藉由檢查耳垢的顏色,了解狗狗可能患上哪種耳朵的疾病,正常的耳垢是金黃色或褐色的,如果掏出膿狀物,便是發炎感染了。

所以平日幫狗狗清潔耳朵很重要,洗完澡後狗狗都會習慣性搖頭,將耳朵裡的水甩出來,其實搖頭甩水是很好清潔耳朵的方式,我們要盡量協助狗狗將水甩出耳朵。可以往狗狗的耳朵裡吹氣,這樣會促使牠搖頭,再用乾毛巾或面紙幫助狗狗將耳朵中的水分擦乾;定期修剪耳朵裡的毛,讓耳道更通風,也可以用濕棉花棒謹慎小心地做最後一道清潔手續。

狗狗的眼屎變多是得了結膜炎嗎？

眼淚是保護眼睛的分泌物，除了讓眼球保持濕潤外，也有助於排出跑入眼睛的灰塵。正常情況下眼淚應該是無色透明的液體，但是當眼睛受到感染時，淚腺會有分泌物混雜著眼淚出來，就是眼屎，如果狗狗得了角膜炎或結膜炎會有大量的眼屎在眼睛周圍。什麼原因會讓狗狗感染結膜炎？可能是有異物進入眼睛、眼部受傷、睫毛倒插、消毒藥水或沐浴乳不小心入眼內、犬瘟熱或是傳染性肝炎也會產生眼屎。發現狗狗眼睛紅紅的時候，我們可以先自行做一些簡單的檢查，觀察眼睛是否有明顯的外傷、眼瞼是否腫起、眼睛是否瞇起，比較兩隻眼睛的狀況有無不同。檢查後如果狗狗的病況很嚴重，應該立刻帶去醫院，但是如果是輕微症狀，可以自行先幫狗狗做以下簡單的居家護理及保養。

居家護理及保養	說明
清潔眼屎	用無酒精的濕紙巾隨時幫狗狗擦拭眼屎，再用乾的衛生紙擦乾，讓眼睛周圍保持乾燥，加速疾病的康復。
帶上頭套保護	若狗狗有搔癢症狀，先將頭套戴起來。狗狗在感到眼睛不舒服時，往往會反覆地搔抓搓揉不舒服的眼睛，此時將頭套戴著可以有效避免更進一步的傷害。
修剪眼睛周圍的毛髮	長毛狗眼睛周圍的毛太長容易插到眼睛，也可能導致結膜炎，所以定期幫狗狗修剪眼睛附近過長的毛髮，也可以有效預防感染結膜炎。

my DOG

毛孩子也會便秘或拉肚子，主人可要隨時注意喔！

消化篇

健康狀況如果從狗狗的外觀看不出來，也可以藉由狗狗每天的排泄狀況來判斷，狗狗跟人一樣，每日有「好便便」，才能有美麗心情喔！

如果毛小孩便祕的話，該怎麼吃才會順暢？

蝦米？！狗狗也會便秘？是的，正常的「黃金便便」應該是金黃色，家長用衛生紙撿起來的時候不會太乾帶點軟度，但又不至於濕軟到夾不起來，家長如果觀察到狗狗的大便太乾硬，或是連著好幾天都不大便，大便的時候狗狗看起來使了好大勁，還是拉不出來，狗狗可能便秘了！雖然便秘不是什麼大病，但是如果忽視不去理它，長期下來不但會造成狗狗不舒服，嚴重的話也有可能產生疾病，尤其是腸道功能有時一旦受損了之後便很難再恢復了，真可說是因小失大啊！

　　如果是飲食引起的便秘，建議多餵狗狗吃一些容易消化、纖維多的食物，也可以給狗狗吃益生菌或消化酵素等，促進腸胃蠕動，也可以餵食適量的柑橘類水果如橘子、柚子、柳丁、鳳梨、蘋果、木瓜或哈密瓜，可以協助狗狗腸胃消化，幫助排便。但不建議讓狗狗吃太多水果，因為有些水果糖分或鉀含量高，如香蕉、楊桃、櫻桃或奇異果等；有些水果易有農藥殘留。所以建議分量約一到兩口，每週吃一兩次即可。另外紅蘿蔔對狗狗的腸胃很好，假使體重十公斤的狗狗一次只需 50 公克。水果可以用果汁機打過再加在食物裡，若牠們願意吃的話，也可以單獨餵食。

狗狗為什麼會便秘？

便秘原因	說明
情緒變化	像是搬新家、換新的主人或是家裡多了陌生人一起生活，讓狗狗情緒產生變化，如果心裡有壓力就可能導致便秘。
運動量不足	長期待在家中的狗狗，因為室內空間小，運動量不足也會導致便秘。
飲水量不夠	狗狗平時飲水量不足的話，也是造成狗狗便秘的原因之一。
身體病變或疾病	狗狗骨盆或脊椎受傷、消化系統如直腸、肛門發生病變或是神經功能異常，進而影響正常排便。其他如肚子有腫瘤壓迫腸道也會造成便秘。

狗狗為什麼會拉肚子？

多觀察狗狗的黃金便便，不僅可以了解狗狗的腸胃狀況，也可以藉此看出狗狗最近的健康情況。健康的狗狗食物水分吃進體內，腸胃會充分吸收，大便會是軟硬適中的條狀，但是如果水分跟著大便一起出來就是腹瀉，是身體出狀況的警訊。先審視一下這兩天是否飼料餵過量？有沒有改變飼料？有搬家或有陌生人、動物進住造成壓力？夏天罐頭放在常溫時間過久導致食物不新鮮？排除以上原因，就有可能是感染性問題、寄生蟲寄生或其他更嚴重的狀況。先停止餵食一到兩餐，但依然要補充水分，看腹瀉的症狀是否有緩解，如果第二天腹瀉嘔吐症狀依然持續就需要趕快帶狗狗去看醫生了。

為什麼狗狗容易膀胱結石，有方法可以預防嗎？

膀胱結石也是常見的一種疾病，常見於成年犬或老年犬，幼犬較少會出現這類情況。導致膀胱結石的原因通常與尿路感染、礦物質在尿路結晶以及日常飲食等相關因素有關。有尿結石的狗狗通常會頻尿但量少，尿液呈滴狀或線狀，顏色變深，有時會有血尿，晚上睡覺時可能會尿床，尿液中有很濃的氨味，不及時治療的話可能因為尿毒症而死亡。

若發現結石可以帶狗狗去醫院用手術的方式取出結石，但仍然要注意日常的飲食，因為結石是非常容易復發的疾病。一般來說，公狗罹患膀胱結石的危險性會比母狗來的高，因為公狗的生理結構，尿道較狹窄且長，容易被結石完全阻塞造成無法排尿，進而形成二次性的尿毒症。其實狗狗的疾病都有預先性，如果在早期及時發現，並斬斷病源才能避免對狗狗健康造成威脅。

專家建議 你可以這麼做！

- 讓狗狗在屋內有固定大小便的位置，避免憋尿的情形。
- 有足夠乾淨衛生的水源，不喜歡喝水或喝水不足的狗狗，發生尿結石的比例高，因為會引起尿液濃縮，易形成結晶沉澱，就可能增加結石形成的機會。
- 可以多添加含水量高的食材來補充水分，如甜椒、胡蘿蔔、高麗菜等；並限制容易導致結石的礦物質攝取。

我們家是女生雪納瑞，為什麼容易反覆感染膀胱炎？

膀有時狗狗的抵抗力不佳時，細菌可能會從尿道入侵膀胱而引發炎症，這種情形好發於母狗，因為牠們的尿道比公狗的短，細菌更容易進入膀胱，尤其是狗狗常常坐在地上，肛門周圍的細菌容易順勢入侵尿道。膀胱發炎的症狀是尿量很少，由於有殘尿感所以會頻尿，會看到狗狗一直有尿尿動作，但只會尿出一兩滴，甚至沒有任何排尿。尿液顏色會變混濁，嚴重時會有血尿，狗狗因為不舒服而精神不濟，如果不及早治療恐怕細菌會擴散到腎臟演變成腎盂炎。多喝水還是對付泌尿道系統最好的方法，可以在家中多處放水盆，或在水中加入一點點狗狗愛吃的小零食來引誘牠多喝水，飲食方面當然是以鮮食中的水分含量多，所以還是鼓勵各位家長多多動手做鮮食給寶貝們吃！

蟲蟲危機！狗狗嘔吐物或便便有蟲子，趕快帶去醫院驅蟲！

幼犬的免疫力比成犬弱，幼犬感染病毒或被寄生蟲的攻擊，會因為抵抗力較弱容易發病及惡化，因此一定要準時接種疫苗，在六個月大之前避免帶幼犬去狗聚集的地方，避免與陌生的動物接觸。尤其狗狗常會舔地上的糞便跟尿尿，而排泄物裡最容易窩藏病毒跟寄生蟲，家長們也要特別注意。幼犬感染寄生蟲時，初期很難觀察出來，等到肚子的寄生蟲數量多到一定程度，狗狗會吐出嘔吐物，裡頭可能會有活體的寄生蟲，家長第一次看到肯定會驚慌失措，但請先鎮定一下，將蟲子拍照下來，帶狗狗到獸醫院給醫生檢查判斷，狗狗肚子裡是哪一種寄生蟲，以便獸醫對症下藥。

寄生蟲的種類（包含體內及體外）

名稱	特徵	症狀	說明
蛔蟲	蛔蟲是白色或米白色，圓條狀且兩頭尖。	消瘦、黏膜蒼白、食慾減退、嘔吐、發育遲緩。	蛔蟲病是由犬蛔蟲和獅蛔蟲犬小蛔蟲引起的疾病。都是通過已受感染的狗的糞便排出蟲卵，狗狗吞食被這種蟲卵污染的飼料或水，在腸內孵出幼蟲。有時受犬蛔蟲感染的幼犬，會因為移行至肺臟的幼蟲數量過多，而造成咳嗽或呼吸困難等症狀。
疥蟲	患有疥蟲的狗狗，在皮下、腹部、腿內側等會有小紅點。	劇癢、脫毛和濕疹等症狀，嚴重時出現皮膚增厚，大面積掉毛，形成痂皮。	民間俗稱「癩皮狗」。在寄生過程中，疥蟲會引起皮屑增多，耳殼翼明顯因痂皮增厚。由於皮膚劇癢，狗狗會不自覺得啃咬，嚴重的話會破皮、出血和潰爛，因為不舒服影響狗狗食慾，而日漸消瘦和體力衰弱。
鉤蟲	鉤蟲的身體前端是彎曲的，且嘴巴有三個銳利的鉤狀齒，可深深地鉤在小腸黏膜上吸血。	狗狗拉稀時可能會帶血和黏液，長期失血會造成貧血、消瘦，缺乏食慾，有時出現水腫，該發育但是長不大。	鉤蟲病是狗狗主要的線蟲病之一，寄生於小腸，特別是十二指腸和空腸中。鉤蟲的分泌物有使血液不凝結的能力，一旦被鉤蟲寄生，有可能對狗狗會造成嚴重貧血。

名稱	特徵	症狀	說明
絛蟲	狗狗感染絛蟲後症狀一般不明顯，只能從狗狗排出的糞便中見到乳白色的絛蟲節片。	大量感染時可能出現腹部不適、貧血、消瘦、消化不良等情形。	絛蟲也是常見的寄生蟲，絛蟲可感染人和各種家畜，並危害生命。絛蟲有很多種，絛蟲的成熟孕卵隨糞便排出體外，被中間宿主食入，在宿主體內的臟器中形成囊尾幼蟲，最後狗狗誤吃含有囊尾蚴的肉屍或臟器，囊尾蚴在小腸內發育成熟成各種絛蟲。
虱蟲	虱蟲因為寄生在表面，所以肉眼可發現黏附在毛上紅褐色的蟲子。	影響狗狗的食慾和作息，症狀是消瘦、毛髮脫落、皮膚掉屑等，若長期被大量寄生的病狗會精神不振、體質衰退。	由於虱蟲的活動和吸食血液，使狗狗產生劇癢，而影響食慾，會讓狗狗體質衰弱，也可能影響生育。
蚤蟲	成蟲是棕黑色，吸完血之後呈現紅黑色；身體扁平，在毛髮裡爬行不易發現。	跳蚤叮咬會產生毒素，狗狗會癢到受不了，而不停地啃咬或搔抓，一般寄生在耳朵下、肩胛、臀部或腿部，患部會起紅疹掉毛。	也就是「跳蚤」，以吸血維生，吸血時會令狗狗感到強烈瘙癢。由於蚤蟲活性強，寄生宿主廣泛，所以是許多疾病的傳播者。

毛髮篇 狗的肌膚很脆弱，需要健康的毛髮來保護！

　　狗狗的皮膚其實很脆弱，毛髮就是牠們的防護罩，有健康的毛髮，才能讓狗狗免於皮膚病的騷擾！如果想要你家狗兒擁有亮麗的毛髮，除了定時幫牠們保養清理外，也可以藉由適當的飲食來協助喔！

反覆復發的皮膚病真擾人，該如何預防跟保養？

　　台灣一年四季氣候潮濕，不但衣服容易發霉，家中的毛小孩也很容易一不小心也「發霉」了！而且皮膚病不容易根治，治療痊癒一陣子之後可能又復發，常讓家長們頭痛不已。對付皮膚病要先從自身做起，找出根源對症下藥，所謂找出根源是指提供給狗狗的生活環境各方面是否出現問題？台灣的海島型氣候，使得不論是冬天或是夏天濕度通常都很高，空氣中溼度高就容易孳生黴菌，進而造成皮膚的刺激或過敏，最好的控制方式就是開除濕機，除濕機能將屋子裡過多的水分吸走，也能將狗狗毛髮中的水分吸走喔！為了保持環境乾燥，拖完地之後最好可以馬上用乾布將地板擦乾，用電風扇吹，狗狗常常趴在地上，地板若太濕也會沾溼牠們的毛髮。

　　有些狗狗由於有先天過敏遺傳體質，因此容易有「異位性皮膚炎」，症狀就是全身癢，尤其是臉和嘴唇，狗狗甚至會用後腳不斷抓嘴唇、用臉在地上磨蹭，同時會一直舔四肢腳趾頭、兩隻耳朵同時發炎。台灣環境溫暖潮濕，濕度只要高達 70%，就容易產生過敏現象，外在的過敏原有塵蟎、黴菌、花

等，過敏原的種類十分複雜，目前還很難完全檢測出來狗狗對哪一種過敏原過敏，所以我們只能先從自身環境做起，勤勞一點多打掃家中環境，過敏是自體免疫力性疾病，只要碰到過敏原，就會引發過敏性皮膚炎，除非自體免疫系統改變，而自體免疫系統大多是先天，也就是遺傳性基因，所以我們只能防範未然，避免讓狗狗接觸到過敏原就不容易誘發皮膚病，假設狗狗對塵蟎過敏，我們就讓塵蟎消失吧！只要不接觸就不會誘發，所以家長可以多觀察狗發病前後，家中環境或天氣是否有變化，找出過敏原就好辦事了！

另外若是急性皮膚過敏，有很大的機率是因為身上有跳蚤，狗與狗之間的接觸會讓跳蚤有機會換一個新的宿主。若被跳蚤叮咬，狗狗會常常咬下半背、尾巴，或是有掉毛、皮膚紅腫的現象，因為很癢狗狗拼命舔皮膚舔到有傷口。跳蚤很小跳蚤蛋更小，一般來説肉眼很難發現，所以建議定期給狗狗點除跳蚤的滴劑。

除了外在環境引發的過敏原之外，「食物」也可能是造成狗狗皮膚過敏的原因，我們可以用飲食刪去法，或者是餵食實驗找出食物敏感的原因，例如原本餵食餐點裡有五種食材，我們可以每三至四週刪去一種食材，如果刪去後的一至兩週過敏症狀消失了，那表示過敏來源就是它，如果過敏症狀沒有消失，那就再換刪去另一個食材，以此類推。經過反覆地刪去法實驗後若過敏症狀還是沒有得到改善，或許是狗狗本身體質問題，我們也可以試試看從「飲食」幫助狗狗改變體質，平時餵牠們吃些紅豆、綠豆、薏仁等食材。薏仁可以幫助去熱排毒、加速皮膚角質層代謝，有利於去濕氣、健脾、排膿、舒筋等效果，餵食時把薏仁當作配料加在飼料裡，或是當作餐與餐之間的點心。

狗狗也有圓形禿？掉毛的原因是什麼？該如何改善？

狗狗掉毛大部分是正常的，就像我們人類或多或少每天都會掉一些頭髮一樣，毛髮也隨時在進行新陳代謝。短毛狗也是會掉毛的，只是因為毛髮短較不明顯，長毛狗掉毛很容易在地板上看到大量毛髮，除了一般正常掉毛之外，掉毛還有以下幾個可能原因：

掉毛原因	說明
成長期換毛	一出生的狗寶寶身上就有毛髮，這些毛髮是胎毛，胎毛在小狗三、四個月大的時候開始換毛，長大到六、七個月的時胎毛就會完全脫落乾淨，隨之長出來的毛髮就不容易掉落了。
換季掉毛	通常春季和秋季是換毛的季節，秋天底毛掉落後，新長出來的保暖絨毛可以應付寒冬。春天來時，底毛會掉落，毛量減少以迎接夏天的酷熱。季節交替時慢慢褪去的毛可能會附著在狗狗身上，可以幫狗狗梳理一下毛髮以便掉落。
皮膚病	若是疾病引起的掉毛，會是局部性掉毛，請仔細觀察狗狗的皮膚上是否出現紅斑、疹子、斑點或皮屑等，分成過敏性皮膚炎或感染性皮膚炎。從掉毛的部位可以推測出可能罹患的疾病，如果是臉、腿、背部掉毛並出現紅斑，就可能是過敏性皮膚炎；臀部及背部掉毛，擴及尾巴根部及腰部，就可能是跳蚤引起的過敏性皮膚炎；黴菌感染則會造成圓形禿，「毛囊蟲」這種寄生蟲引起的掉毛會合併劇癢及皮膚紅腫。
營養不良	當食物中長期缺乏維他命及礦物質也會引起掉毛，尤其是維他命A、銅、鋅，嚴重不足時則會引起皮膚病，排除以上容易觀察出來的掉毛原因，大部分不明原因的掉毛跟營養不良有關，請家長們先檢查飼料的營養成分。
壓力	跟罹患圓形禿的人一樣，搬家、換主人、家中有陌生人或寵物進住，都有可能造成狗狗莫名的壓力，心理情緒反應至生理上造成疾病，狗狗會不停地舔身體某個部位導致掉毛，找出狗狗壓力的來源，回顧一下近期是否家中有新加入的成員或生活上有變化。

千萬不可忽視體外寄生蟲的可怕，尤其以壁蝨引起的疾病最為嚴重！

　　狗狗時常會在草地上跑來跑去，但家長們千萬要注意體外寄生蟲會附著在狗狗的毛髮上，被寄生蟲叮咬後不只會讓狗狗搔癢、疼痛，更可怕的是寄生蟲所帶來的傳染病，會嚴重影響狗狗的健康，甚至是死亡。在前篇〈消化篇〉已經同時介紹體內及體外的寄生蟲，這裡則深入了解「壁蝨」可能帶來的疾病。

傳染病	說明
犬艾利希體症 （Ehrlichiosis）	犬艾利希體是壁蝨透過叮咬狗狗皮膚的傳染病，艾利希體在狗狗身上造成感染後，會進入血液寄生於白血球與血小板之中，開始對血液系統做一連串的破壞，受到感染的狗狗會發燒、精神不好、嗜睡、食慾變差、體重變輕；進入慢性期後會造成骨隨抑制，此時即便已經撐過急性感染的階段，也會使得死亡率提高很多。
焦蟲症 （Babesiosis）	焦蟲寄生在狗狗血液中的紅血球，壁蝨是主要的傳染源，感染焦蟲症的狗狗會嚴重貧血，因為長期缺乏養分，身體會變得虛弱，體溫上升、體重下降、牙齦等黏膜變得蒼白，焦蟲症也可能引起黃膽症狀，口腔黏膜會變得黃黃的。病程嚴重時，因為嚴重的貧血而造成身體其他器官的缺氧性傷害，此時即便焦蟲症控制下來了，也是有可能殘留其他的後遺症。另外，有些焦蟲可能會變成終身帶原，一旦抵抗力不好時就有可能跑出來作怪。
萊姆病 （Lyme diease）	是一種人畜共通的疾病，可能的症狀有發燒、淋巴結腫大、跛腳、肌肉關節疼痛等。而傳染人的途徑是被壁虱叮咬或是傷口接觸到患犬的尿液，症狀是疲倦、頭痛、發燒、肌肉疼痛、淋巴腫脹、關節炎及腦膜炎等。
犬肝簇蟲 （Hepatozoon）	犬肝簇蟲是一種藉由壁蝨傳播的傳染病，但是不是透過被叮咬而感染，而是狗狗吃到帶病的壁蝨後才被感染。感染犬肝簇蟲常見的症狀為嘔吐、拉血痢、發燒、精神不振、食慾變差、身體逐漸虛弱、肌肉關節疼痛等等。

毛孩子生病的症狀跟人一樣嗎？

平時保健篇

雖然狗狗平常老是活蹦亂跳的，體力跟精神也很旺盛，但狗狗也是會感冒生病的，因為牠們不會說話，除了可以觀察一些小地方來檢驗牠們的身體狀況外，也可以透過定期的健康檢查掌握狗狗健康情形。這裡也告訴你狗狗平時的小毛病，會不會成為嚴重問題，以及該如何照顧生病的寶貝們。

預防勝於治療！狗狗定期做體檢，活得長壽又健康！

人們在不同歲數，會依照身體狀況進行不同的體檢項目，以便提早察覺自己的身體狀況，現在的人普遍都知道定期做體檢重要性，對狗狗來說也是一樣的，體檢能幫助預防各種遺傳疾病、傳染病、慢性疾病、寄生蟲的發生，因此定期帶狗狗體檢是每個家長都應該要有的觀念。

建議家長在寶貝七歲以前一年做一次的健康檢查，而七歲以後漸漸邁入中老則是一年兩次，平常在家中可以做一些基本觀察，隨時能掌握寶貝的健康狀況，飲水水量變化、食量變化、大小便狀況、嘔吐、拉肚子、喘氣問題、耳朵的味道、鼻頭乾濕、口腔氣味，如果發現有異狀，用相機、手機，拍照或是錄影紀錄下來在家中發生的狀況及頻率，提供給獸醫師判斷。

狗狗的健康檢查分為四大類，包括「基礎理學檢查」、「血液檢驗」、「影像檢查、「糞便、尿液檢查」，針對可能發生的疾病及不同器官一一逐項檢查，才能全面地將狗狗的身體現狀呈現出來。

檢驗項目		說明
基礎理學檢驗		是狗狗來到獸醫院時的第一項檢查，主要從狗狗的外觀、身體症狀來初步確認狗狗的健康情況，以及是否有立即性的生命危險。聽診、觸診和叩，還有聆聽家長對狗狗的觀察描述，讓動物醫師做出初步的疾病判斷。通常在檢驗時醫師根據資訊做出疾病的初步判斷，之後從更進一步的學理檢驗數據中做出診斷。
血液檢驗		幫狗狗抽血後，將血液做抹片、離心、生化分析和血球數量測試等，可以幫助醫師判斷狗狗是否器官有病變，例如腎臟病、腫瘤、貧血、肝功能異常、胰臟炎、甲狀腺功能異常、糖尿病等，或是病毒感染及是否體內帶有寄生蟲。
影像檢驗	X射線	通常通過看 X 光片來檢查骨骼的狀況、關節是否錯位，有沒有長骨刺，是否有軟骨增生的問題，老年狗可看出關節磨損的狀況；若狗狗發生意外傷害，像骨折或誤吞異物，可以透過 X 光片看出受傷的部分及嚴重程度。有機會發生髖關節發育不全症的品種狗，建議在半歲前提早接受 X 光檢查。
	斷層掃描	當懷疑有惡性腫瘤、腦部神經病變等時，需要更深入檢查細胞、骨骼、組織才能幫助醫生做更精準的診斷治療，做斷層掃描必須在全身麻醉才能進行檢驗，家長請記得在進行麻醉前六小時要禁食禁水。
	超音波	超音波可以看出體內軟組織結構的異常，例如透過腎臟超音波檢查可以看到結石的數量及大小；心臟超音波可以得知心臟結構、收縮功能、瓣膜閉合情形及心室壁厚度等。懷孕的狗狗也可利用超音波來偵測小狗狗的心跳、體形大小是否正常和胎位正不正。
	心電圖	對於可能罹患先天性心臟病的品種狗，在經過醫生聽診發現有異常，如心雜音、心律不整、心跳過快或過慢，都會建議進一步做心電圖。某些心臟疾病，只有心電圖可以判斷出來，如果家中養的是小型犬，且發現狗狗莫名的喘氣，或過度換氣的現象，可以請醫師進一步做心電圖查明原因。
糞便及尿液檢驗		如果腸胃、血液和腎臟有問題，可以從排泄物中得知，家長可以自行在家中採集好狗狗的尿液及糞便帶去醫院檢驗。

台灣夏天一年比一年高溫，要怎麼防範狗狗中暑？

記得看過幾則主人下車買東西把狗狗單獨留在車中，而狗狗耐不住高溫不幸身亡的新聞嗎？其實不只如此，長時間在烈日下運動，也容易造成狗狗中暑，因為狗狗的皮膚汗腺無法散熱，只能靠張開嘴巴調節溫度，而體內的溫度過高嘴巴換氣的速度不夠快時，嚴重的情況則會休克。

而怎麼知道狗狗是不是中暑了？當狗狗呼吸加快、走路搖搖晃晃，甚至昏倒、無法動彈，或伴隨口吐白沫，痙攣抽筋、無意識的腹瀉，最後陷入休克。一發現有以上症狀要立刻將狗狗帶到陰涼處降溫，用水或濕涼毛巾放在牠的身上，並盡快送去獸醫院。帶狗狗出門請避開中午十二點至兩點，這是一天當中溫度最高的時候，可以選在傍晚涼爽的時分出門散步；也不要把狗狗長時間放在密閉，氣溫容易上升的地方，如汽車內及地下室。

我得了感冒，會傳染給狗狗嗎？

人罹患感冒一般是不會傳染給狗狗的，因為病原體不一樣。也就是說人類感冒的病毒和狗狗感冒的病毒是不同的，所以病不會互相傳染，但是有些病毒如果狗狗受感染，是有可能經由人類散播出去，例如「犬小病毒感染症」是經由狗狗的鼻子或口腔入侵，當狗狗接觸到受感染的糞便、嘔吐物、唾液等，而人如果接觸到受感染的狗，也會變成傳播的途徑，而犬小病毒容易寄生在幼犬體內，所以當家中有六個月內的狗寶寶要特別小心預防。

犬小病毒感染症有分兩種症狀，一種是心肌型，狗狗會突然哀叫、嘔吐、呼吸困難，三十分鐘內會死亡。另一種腸炎型會劇烈嘔吐，數小時內嚴重腹瀉，糞便是灰白或灰黃色，接著會拉出血便且帶有惡臭味，因為持續的嚴重腹瀉會導致脫水、全身衰竭。幼犬必須做好預防針接種及避免接觸病犬，這是預防感染的最好方式，定期做好居家消毒清潔也會有很大的幫助。

狗狗體溫本來就比人類高，要怎麼知道狗狗發燒了？

狗狗的體溫大約是攝氏 38.5 度，平常我們摸狗狗的身體都會覺得熱熱的，所以很難判斷或察覺狗狗是否發燒了。不過任何動物不舒服一定會看起來沒有精神，也吃不下飯，再摸摸看耳朵裡面、手腳是否冰冷，如果跟平時的摸到的溫度不同，或是莫名發抖，就可以用溫度計量一下狗狗的體溫，如果超過 39.5 度就是發燒了。很多疾病都是先由發燒開始反應，突然的發燒有可能是感冒、病毒感染，從內而外，可能是呼吸道感染、泌尿道感染，任何外傷引起的傷口發炎等，家裡可準備溫度計，便可知道狗狗是不是發燒了。

狗狗流鼻涕是感冒了嗎？

人在感冒時最常發生的第一個症狀就是流鼻涕，狗狗如果流鼻涕也是感冒了嗎？首先先注意最近的天氣是否有寒流或是氣溫驟降，如果是因為天氣變化，先幫狗狗加件衣服、毛毯，但是流鼻水也有可能是因為其他疾病引起的。

感冒的主要症狀是精神不濟、沒有食慾、流眼淚及咳嗽等現象，鼻涕是膿液狀、呼吸急促、體溫升高，如不及時治療則有可能併發氣管炎、支氣管炎等其他疾病。鼻涕如果是透明色的，先檢查鼻頭是否乾燥發熱，健康的狗狗除了睡覺的時候，鼻頭都應該是濕潤的，感冒中的狗狗鼻頭反而是乾燥的。但是鼻涕如果是黃綠色的，可能就不是只是感冒這麼簡單了，需要給醫生做詳細的檢查，犬瘟熱、鼻子腫瘤、牙周病、結膜炎等，都有可能引起狗狗流鼻水。

而鼻炎和鼻竇炎也會流鼻水，受到細菌或病毒感染時，一開始會流像水一樣的

鼻水，如果當時狗狗的抵抗力不佳，或沒有及時治療的話就可能惡化，鼻水變得黏稠可能已轉變成鼻炎，病原還會繼續擴散到整個鼻腔變成鼻竇炎，放任不治療往下擴散到支氣管，便會引起支氣管炎，且開始劇烈咳嗽，必須多加注意。

平常很貪吃的狗狗突然沒有食慾吃不下飯，是不是生病了？

先檢查狗狗的嘴巴是否被東西刺傷，或是嘴巴裡有沒有傷口？牙齦是否紅腫？口腔內有傷口或疾病，狗狗會因為疼痛不舒服無法進食。再來觀察狗狗是完全不吃，還是吃進嘴巴很快就吐出來，若食道被異物卡在喉嚨或吞到肚子裡，也會導致狗狗無法吞嚥，而把食物吃進去後吐出來。如果到了吃飯時間，把食物放在平常狗狗吃飯的地方，狗狗聞一下就走開不吃，就要進一步觀察是不是生病了？

專家建議 自行檢驗小方法

- 有沒有發燒？小型狗的正常體溫是 38.6 到 39.2 度；大型狗的正常體溫是 37.5 到 38.6 度，測量超過 39.5 度就是發燒了。
- 觀察尿液的顏色和尿液的量，如果尿液的顏色改變，不論是變深或是變淡，或者是尿液的味道改變，甚至是尿量一下變得很多或很少都有可能是身體出了問題。
- 摸摸狗狗的全身，檢查有沒有外傷或腫脹的地方。
- 便便是否正常？有沒有腹瀉或血便的症狀？

以上四項檢查有任一項異常的話，要趕快帶狗狗去獸醫院做仔細的健康檢查。

我家狗狗睡覺時的鼾聲特別大聲，這是正常的嗎？

一般來說狗狗睡覺打呼是正常的，但是如果鼾聲過大就要注意牠是否有軟顎過長或喉頭的問題，有時候呼吸困難也會發出很重的呼吸聲，我們容易誤以為那是鼾聲。氣管是圓筒狀，外側有Ｕ字型的軟骨保護著氣管，當氣管受到壓迫，或是氣管本身結構無論是發育不良或是老年退化，而造成咳嗽或呼吸困難時，就是「氣管塌陷」。

氣管塌陷好發在某些品種狗身上，例如：西施犬、吉娃娃、貴賓狗、巴哥、西施、鬥牛犬、博美、馬爾濟斯等小型犬，所以一般認為與遺傳、肥胖有關。如果家中有這些品種的狗狗，可以在運動過後觀察狗狗是否會咳嗽或喘不過氣的樣子。發病的症狀會是舌頭跟牙齦，

因為氧氣不足變成紫色，長期下來會危及到狗狗的生命安全。所以及早帶狗狗去醫院做檢查，如果經診斷確定有氣管塌陷的病症，在生活照護上必須和獸醫師做詳細討論，以避免症狀快速惡化。

專家建議　預防呼吸系統疾病居家護理

- 調整出風口及溫度到最適宜的位置：冷空氣往下降，熱空氣往上升，狗狗都是在地面活動，出風口如果直往地面狗狗會覺得冷。
- 保持涼爽通風、空氣清淨：夏季是好發的季節，建議家中隨時保持涼爽通風；或使用空氣清淨機，減少空氣中的灰塵、塵蟎，避免誘發疾病發作。
- 避免塵埃懸浮：在打掃灰塵會懸浮在空中，此時最好打開窗戶保持室內通風。
- 保持良好的空氣溫度及濕度：過於乾燥或潮濕的空氣都對呼吸系統不佳的狗狗不好，太乾燥就多放幾盆水在室內；溼度過高可以使用除濕機。

我家有個小胖子,越吃越胖,該怎麼幫助牠減肥?

　　每個人對胖瘦的標準不同,就像審美觀一樣,尤其我們天天跟自家狗狗相處,很難察覺牠們的體重是否超標了!從身體線條觀察看看你家狗狗是否過胖。

身體線條	說明
理想的線條	腰圍緊縮,肉眼看不出肋骨或脊椎,但由上往下沿著脊椎兩側摸下去,感覺能隔著肌肉摸到骨頭,且肌肉緊緻有彈性。
略胖的線條	肉眼看上去全身都是肉,比較難摸到肋骨,看不到腰部或下腹部的線條,下半身都可以看到贅肉。
肥胖的線條	從頸部、胸部、腰部、下腹部,一直到尾巴底部都是贅肉,整個身體像吹汽球一樣的中廣身材。

狗狗做完結紮手術後容易變胖，因為新陳代謝變慢，加上荷爾蒙改變，若是不做好熱量管理，很容易一下就胖的跟氣球一樣。當你在吃東西的時候，狗狗在旁邊用期待的眼神看著你，你的心一下子就融化了吧？然後我吃一口你吃一口，大家吃得很開心，不知不覺又變成恐龍家長了！千萬不要因為狗狗帶著可愛的表情，太過寵愛而無限量的供給零食給牠們吃，給零食的方式應該是「獎賞」，狗狗做對了事或是表現優良，獎賞一兩塊小餅乾做為鼓勵，而不是你吃牠就跟著吃，日積月累下來你沒有變胖反而胖了狗狗。有些狗狗的食量像是無底洞，每次放飯時狼吞虎嚥的把飯吃完，主人誤以為給的分量不夠，於是加碼再給一碗，結果狗狗經常吃過頭而變胖。

其實肥胖會對心臟造成負擔，也會連帶引響影響換氣效率，某些先天性關節骨骼缺陷的品種狗過度肥胖，會造成牠們日常生活上的不便，例如跳不高、容易造成關節退化等，所以為了狗狗的健康著想，一定要做好體重控制。

減肥方式	說明
降低熱量 不減少分量	人的減肥方法是「吃少一點」，但是狗狗不行喔！人可以用意志力控制食慾，當有飢餓感的時候大腦可以說「我不吃」；但是狗狗餓了就是餓了，不給牠東西吃反而會因為營養攝取不足，而造成營養不良。所以可以不減少食物的分量，但是改變食物的種類，加入多一點的纖維，例如：麥片、地瓜等，熱量不高但飽足感十足，這樣狗狗也不容易感到飢餓。
固定運動 消耗熱量	以前可能一次十到十五分鐘的運動，可以漸進式增加運動的時間，每次多增加五分鐘；或增加運動的次數，跑步十分鐘、休息五分鐘，每次三回合，切勿操之過急，要是狗狗累得跑不動，就表示狗狗的運動量已到了極限，不要太過勉強，保持這個習慣，持之以恆即可。
定時定量 每天量體重	很多過胖的狗狗是因為家長餵食的習慣是「放長糧」，出門就放滿滿一碗的食物，讓狗狗享受隨時吃到飽的感覺！改變餵食習慣是減重計畫裡最重要的一環，固定餵食，家長也能精準計算並且控制每日狗狗應該攝取的熱量。量體重也可以有效管控狗狗的身體變化。

狗兒懷孕了，我們能為牠做些什麼呢？

首先我們要特別注意狗媽媽的飲食，懷孕期要大量補充營養，因為媽媽吃什麼，肚中的寶寶可是也跟著吃啊！所以這時候要特別添加各種維生素，狗寶寶生下來才會頭好壯壯，吃得營養也會幫助狗媽媽順產，生產完後乳汁裡才有豐富的營養提供給狗寶寶。建議此時換吃幼犬飼料，因為幼犬飼料比成犬的營養高；鮮食可煮一些高蛋白、高鈣、維生素豐富的食物，如雞肉、高麗菜、雞蛋等。但是也不要過度給狗狗進補，以免肚子裡的寶寶長太大，狗媽媽生產困難喔！

狗狗的懷孕期大約是兩個月，沒錯！就是這麼短的時間可以生出狗寶寶。你可以選擇帶牠到寵物醫院分娩或是在家生產，如果決定在自家生產，預產期的前兩週，就要開始準備一個「產房兼育嬰房」。如果可以請讓狗媽媽單獨在一個房間，這段期間最好不要有人進進出出，並幫牠準備一個乾淨的大紙箱或是籠子，先鋪上一層毛巾或毯子，讓媽媽跟寶寶有個溫暖舒適的環境。因為生娩過程羊水會破，寶寶身上也會有羊水、胎盤等污物，所以在毯子上先鋪上一層寵物用紙尿布以防弄髒環境。

專家建議 如果是在自家分娩，我們要如何分辨狗媽媽是否難產需要立刻送醫院？

- 媽媽的體型太小、但是寶寶可能長得過大；或是媽媽的骨盆較為狹窄，可能有較高的難產機率，需提高警覺。
- 如果懷孕超過七十天都還沒生，請盡快帶去醫院檢查。
- 強烈陣痛超過半小時，或者羊水已破超過十五分鐘，仍然沒有看到任何小孩產出。
- 寶寶出現在產道超過五分鐘，卡在產道一直出不來。
- 分娩超過兩個小時，媽媽看起來已沒有力氣。
- 羊水應該是透明液體，如果流出來的液體帶有紅色、黃色、咖啡色等怪異顏色，有可能子宮或臟器出了問題。

常見疾病篇

有些疾病是會嚴重影響狗狗健康的，不可不知道！

狗狗跟人罹患的疾病不一樣，如果沒有大概的了解的話，很難知道疾病的嚴重程度，進而了解該怎麼預防及照護的方法。另外，人可能會得癌症，而狗狗也同樣可能會罹患腫瘤，隨時注意愛狗的狀況，才能及早發現、及早治療。

我家來了小小狗，何時該帶牠去注射疫苗？
注射疫苗前後需要注意什麼？

年齡	疫苗種類	備註
至少三週大	體內外驅蟲	
六至八週	幼犬基礎疫苗	
十到十二週	多合一疫苗	多合一疫苗包含犬瘟熱、犬小病毒出血性腸炎、犬傳染性肝炎、犬傳染性支氣管炎、犬副流行性感冒、犬出血型鉤端螺旋體、犬黃疸型鉤端螺旋體等。
十四到十六週	多合一疫苗及狂犬病疫苗	狂犬病疫苗須等其他疫苗都注射完後，注射第一次、以後每年注射一次，疫苗時效為一年。

注射疫苗前請先注意狗狗的身體狀況，是否有嘔吐、下痢、發燒、打噴嚏、流鼻水或是精神食慾變差等事項，因為如果有罹病、寄生蟲感染或營養失調均不宜施打，必須等疾病治療完成之後，才能進行疫苗注射。疫苗注射後二至三週才會產生保護力，所以在這段期間內請先不要讓狗狗洗澡，也不要換飼料、出遠門、劇烈運動等，以避免狗狗的抵抗力下降。

母狗容易得的疾病是什麼？可以預防嗎？

對母狗來説「子宮蓄膿」是很危險的，根據研究顯示沒有結紮的母狗容易因為細菌感染及內分泌不正常，而發生子宮蓄膿症。在正常的情況下，子宮頸是關閉的，在發情期子宮頸會張開，狗狗坐在地上細菌容易進入陰道。子宮蓄膿分為兩型，一為開放型，最明顯的病徵是狗狗陰部會排出黃樣膿汁；另一種為封閉型，症狀是腹部會漸漸變大。封閉型的危險性很高，由於不易察覺，主人發現的時候情況通常已經很嚴重了，細菌會影響心臟的運作，腎臟也會因為細菌感染併發而導致尿毒症。

要防止子宮蓄膿最好的方式是讓狗狗儘早結紮，子宮蓄膿沒有特別好發的犬種，如果你的狗狗是女生，而且沒有生育的計畫，最好儘早結紮，這樣可以避免許多致命性的疾病。

公狗容易得的疾病是什麼？可以預防嗎？

狗狗年紀漸大，攝護腺肥大會漸漸發生。初期無症狀，但攝護腺肥大後會壓迫腸子、膀胱和尿道，引起各種症狀，例如壓迫到腸子，腸子無法蠕動而便祕、壓迫到膀胱而排尿困難或頻尿。而最好的預防方式是在狗狗身體狀態健康時進行結紮，一勞永逸。

聽説傳染病很可怕，來勢洶洶，一旦得到了致死率很高，該怎麼預防呢？

種類	感染途徑	症狀	預防方式及說明
犬瘟熱	感染途徑有三種，最直接的是飛沫傳染；再來是間接感染，使用到已感染犬瘟熱的狗狗使用過的餐具、玩具、籠子等用品；最後是直接感染，直接接觸到已受感染的狗狗的嘴巴、鼻子。	初期症狀是發燒，食慾不振，嗜睡等類似感冒的症狀，從感染到發病之間的時間間隔為十四至十八天，但感染後三到六天可能會出現發燒，持續兩天左右。之後看似有好轉，可以進食，體溫恢復正常，接著又再第二次體溫升高，病情進一步惡化，各類細菌繼發感染更為嚴重，畏寒顫抖。精神時好時壞，鼻眼分泌物增多轉為膿性，氣管炎、肺炎症狀多有發生，精神萎靡、肌疼無力，痙攣，平衡失調，圓圈運動，癲癇、昏迷等症狀。	犬瘟熱的傳染力很強，死亡率高，唯一預防的方法就是每年接受一次預防注射。居家保持清潔，最好每週消毒一次，包括地板、傢俱、狗狗的食器、籠子、玩具，也避免與陌生狗狗有接觸。如果家裡同時有養好幾隻狗，其中一隻感染犬瘟熱，一定要將牠隔離以免傳染給其牠狗狗，感染過犬瘟熱的狗狗使用過的所有物品都要丟棄。
犬小病毒腸炎	傳染途徑是接觸到受感染狗狗的糞便、嘔吐物，或是殘有唾液的餐具，犬小病毒對幼犬的侵襲尤其嚴重。	潛伏期只有四、五天，接著就會出現嚴重拉肚子、嘔吐、發燒的症狀，約六至二十四小時開始拉出血便。	犬小病毒會攻擊狗狗的心臟及腸子：心肌型感染，通常狗狗前一刻還精神奕奕，突然發出哀號，呼吸困難，嘔吐，三十分鐘內就可能死亡；腸炎型感染，先是嘔吐接著嚴重腹瀉、血痢，持續腹瀉造成脫水，嚴重也會致命。注射預防針是最好的預防方式。

種類	感染途徑	症狀	預防方式及說明
犬傳染性肝炎	接觸到受感染狗狗的尿液、唾液、使用過的餐具，病毒會從口腔進入狗狗的淋巴結，隨著血液運送到全身，病毒的散播力很強。	受感染的狗狗突然出現嚴重腹痛和體溫明顯升高。急性病例可能於二十到三十六小時內死亡，感染約七至十天會因眼角膜水腫導致眼睛變成藍色，因而又稱「藍眼症」。	這個病毒的活性很強，即使復原也會在狗狗的尿中找到，大約半年後才會完全排除。注射預防針是最好的預防方式。
鉤端螺旋體症	是一種人畜共通的病毒，老鼠尿中的鉤端螺旋體病菌是最大的感染源，所以如果舔到受感染動物的尿液，或是受感染的水就會導致感染。	受感染的狗狗會出現出血性黃疸、皮膚壞死、水腫、嘔吐、體溫升高、精神沉鬱、後軀肌肉僵硬和疼痛、不願起立走動、呼吸困難。	鉤端螺旋體症的潛伏期大約五到十五天，發病後兩天內所有器官開始衰竭，體溫下降而死亡。可以注射預防針來預防。

常見的腫瘤有哪些？

淋巴瘤

　　通常主人會在狗狗的頸，肩膀前方、膝蓋後方見到或摸到突起的硬塊；有時腫瘤也會長在身體的胸腔或腹部的淋巴結；如果是長在臟器，狗狗會因為胸腔中累積體液，而導致呼吸困難或擠壓到消化系統，導致腹瀉、嘔吐等情況。

其實任何年齡的狗狗都可能得到淋巴瘤，且淋巴瘤是狗狗罹患癌症中最常見其中一種。平均發生年齡是在六到九歲，公狗和母狗罹患機率相當。雖然淋巴瘤無法治癒，但及早治療還是能延長狗狗的壽命，大約 40 到 45% 的狗狗接受治療後可以再多活一年的時間，不到 20% 的狗狗可以活到兩年。多撫摸家裡的狗寶貝，跟牠們多互動，是早期偵測淋巴瘤的最佳方式。

肥大細胞瘤

是狗狗最常見的皮膚腫瘤，可以發生在任何年齡的犬隻，平均是發生在八到十歲的老年犬，鬥牛犬、拉不拉多、黃金獵犬、雪納瑞、沙皮等都是好發品種。患部在體表或體內的任何部位，特別是後上大腿，腹部和胸部是最常

發生的部位。腫瘤在體表上發現時為單純的一個腫瘤，但可能在身體各部位都有腫瘤同時發生，約有 50% 的肥大細胞瘤會發生在身體的軀幹和會陰周圍；40% 會發生在四肢和腳掌；僅有 10% 出現在頭部及頸部區域。

腫瘤周圍的淋巴結可能會出現腫大，腫塊搔癢或出現嚴重的發炎，主要是因為腫瘤細胞分泌大量組織胺所導致；肝臟及脾臟腫大可能是肥大細胞瘤已經形成廣泛分布的特徵，嘔吐、食慾不振或可能會出現腹瀉等症狀發生，這取決於腫瘤發生的階段。在皮膚或是皮下的腫瘤，可能已經存在數天至數月，在原本不太有變化的腫塊，最近開始快速地出現變化，皮膚或是皮下的腫瘤突然變紅，或有明顯液體的蓄積。腫瘤的外觀型態非常多變，可能外觀看起來像是其他良性腫瘤，甚至外觀看起來像是蟲咬、疣，或像是過敏所發生的腫塊。腫瘤通常會迅速變大，而外科手術、化學治療是此症的治療方式。

乳腺腫瘤

乳腺腫瘤常發生在沒有結紮、五到十歲的母狗，如果在一歲前就結紮，之後的發生率非常的低。正常來說狗有五對乳房，最常發生的乳房是最靠近後側的兩對，如果是良性腫瘤的質感比較軟，生長速度比較緩慢；惡性腫瘤生長速度快，大到一個程度後會開始潰爛流血。良性的小型腫瘤，如果沒有處理，也可能突然變成惡性。

腫瘤的外型可以從小粒結節狀到大型，腫瘤的外表看來像是個堅硬的圓形物體，有時候是多個腫脹結合在一起，因為是由乳腺所產生，所以通常可以很容易摸到，質感有點硬，

發現腫瘤後以手術切除的方式是治療首選，不論狗狗的年紀多大，切除腫瘤都可以增加存活機率，超過 50% 以上的病例，都可以完全切除腫瘤。腫瘤切除通常建議依據淋巴流向將附近的乳房一併切除，可以減少腫瘤轉移的機率；同時做結紮手術，將子宮卵巢摘除，這樣也可同時降低再發生機率，這種疾病著重在於預防，跟早期發現以後的妥善治療，治癒率其實很高。

骨肉瘤

是一種骨細胞的惡性腫瘤，而且經常會發生在中大型犬身上，任何年紀都有機會發生，以德國牧羊犬發生的概率最高。大部分的骨肉瘤發生在四肢的長骨上面，致病原因有可能是受傷、炎症、慢性疾病，還有一些病毒、化學物質，都會使動物的骨骼發生腫瘤。

最常見的症狀應是跛腳，腫瘤長在骨頭末端，剛開始表面是冰冰涼涼的感覺，等它腫大後體積也變大，就會感覺到熱感，壓腫瘤的地方會疼痛，肌肉會慢慢萎縮，還會導致骨折。最擔心是長在脊椎上，則會壓迫到神經導致癱瘓。一旦確診是骨肉瘤要即早切除患部以免擴散轉移。

血管肉瘤

　　是由血管內皮細胞所發生的惡性腫瘤。通常好發於中高齡的狗狗身上，因為它們的來源是血管，常會發生在狗狗的脾臟、心臟、肝臟和皮膚，所以當腫瘤破裂的時候，會引起大量出血，是相當危險的腫瘤。較常發生在中大型犬種身上，以黃金獵犬和德國狼犬的發生率高。狗狗通常不會有什麼明顯的徵兆，當狗狗出現不適的時候，常是因為腫瘤破裂引起出血所致。很少狗狗能在症狀出來之前，就被診斷出有血管肉瘤。狗狗的症狀會依據腫瘤所在位置而有不同，最常見的包括有皮下出現腫塊、出血（例如流鼻血）、虛弱、癲癇發作、黏膜蒼白、呼吸困難、腹部膨大、虛脫等等。

　　以上是狗狗常見的腫瘤種類。由於老犬罹患腫瘤的機率很高，萬一狗寶貝不幸罹患腫瘤，家長需要做一些決定。是否要開刀治療，建議與醫師做詳細討論，經濟狀況是否能負擔？手術後也會有衍生的費用，也要先問清楚一併納入評估。面對狗狗得到癌症的衝擊，一下子一定難以面對，但越是如此越是要打起精神來理智地做效益評估，開刀是否可以一勞永逸，如無法根除，那要請教醫師在生命的延續上是否有很大的差別，如果開刀可能只能多活六個月，或是成功率不到10%，是否要讓狗狗生命的最後時分，在身體及精神上承受開刀及術後療養的疼痛，也要將狗狗當時的年紀及身體狀況納入考量，例如是否有心臟病而無法承擔麻醉的風險等等。

老年安養篇

我的小毛孩變成老毛孩了，該怎麼照顧牠？

　　狗狗的平均壽命比人還要短，愛狗狗的你一定會面臨和牠的生離死別，如果不是因為疾病而走的狗狗，最後也會有終老的時刻。狗狗老了之後，身體機能不如以往的好，像人一樣更需要仔細的照顧，該如何讓狗狗在老的時候活得開心、健康，是家長們都必須學好的責任。

我的狗狗八歲了算是老犬嗎？老犬會有哪些老化的跡象？

　　狗的壽命比人類短，成熟老化也比較快，通常滿一歲就已經屬於成年年齡，約是人類十七歲。以下是狗狗年齡與人類年紀換算對照表，不同品種、體型的狗，老化速度也會不同。

狗與人類年齡換算							
狗	1 個月	2 個月	3 個月	6 個月	9 個月	1 歲	2 歲
人	1 歲	3 歲	5 歲	9 歲	13 歲	17 歲	23 歲
狗	3 歲	4 歲	5 歲	6 歲	7 歲	8 歲	9 歲
人	28 歲	32 歲	36 歲	40 歲	44 歲	48 歲	52 歲
狗	10 歲	11 歲	12 歲	13 歲	14 歲	15 歲	16 歲
人	56 歲	60 歲	64 歲	68 歲	72 歲	76 歲	80 歲

狗狗開始老化的年齡，小型犬和中型犬約在七到八歲，而大型犬則從五到六歲開始。其實年齡只是參考值，我們應該從觀察狗狗是否有老化的跡象來評估。老化最明顯的現象就是視力逐漸衰退，以前反應靈敏，現在可能容易撞到傢俱，或抓不到會動的玩具；腸胃功能逐漸退化，吸收能力差，吃飯的分量比以前少；牙齒也退化，所以飼料不易咬碎，可能會剩下碎掉的飼料或飯。由於營養無法到達皮膚，毛色變黯淡無光澤、鬍鬚變白；越來越不喜歡動，趴著或睡覺的時候變長；可能會漏尿或忍不住隨地大小便。關節退化無法頻繁爬上爬下，可以跳耀的高度可能不到年輕時的一半等等情形。

狗狗開始老化，身體機能退化，直接影響到的是生活上會有許多的不便利，為了讓老犬也有良好的生活品質，我們必須主動幫牠們做一些環境上的改變。

專家建議

- 用溫水將飼料泡軟，如果牙齒已退化，可將食物打成泥讓狗狗用舌頭舔食。
- 散步的時候放慢腳步，運動量或時間減少。
- 隨時注意溫度變化，天冷加毛毯，天熱開冷氣。
- 不要勉強帶狗狗出遠門。
- 在床邊或樓梯邊增加斜梯，減少高低落差，以便老狗上下。
- 狗狗老年以後最好半年進行一次全身健康檢查，觀察體內器官是否有退化的情況發生，如果血液檢查發現有器官退化的現象，即可早日進行食療控制；必要的話，進行藥物治療。若有發現腫瘤發生也可以即早處理，避免延誤。
- 按時服用心絲蟲的預防藥，點驅蟲滴劑或服用驅蟲藥劑，老狗也是與成年狗一樣，每年只需做一次預防針補強即可。按照預防手冊所建議的時間，只要食慾排便皆正常，即可檢查是否可以進行預防針注射。
- 多陪牠說話，勿改變生活環境，搬家或移動牠的窩。
- 運動量減少，腳爪也跟著變長，為了不讓牠行動不便，請定期為牠修剪腳趾甲。

癌症是老年狗十大死因之冠，瞭解它、面對它就不可怕！

　　雖然邁入老年期，營造一個舒適的生活環境很重要，但是狗狗也會渴望可以從事以前愛做的活動，身上雖有疼痛，還是會想跟主人外出散步和玩耍，老犬的心靈跟身體都需要家長多點關心、耐心及照顧。狗狗年紀越大，抵抗力越差，有一些疾病容易發生在老年狗身上，就算不能防堵疾病發生，至少先做好預防工作，及早發現，也能避免病情瞬間惡化。

　　腫瘤在近幾年位居台灣狗狗十大死因之冠，腫瘤發生的原因目前還無法確定，只能從一些因素去推測：例如基因、賀爾蒙、壓力、病毒、廢氣、二手菸汙染、放射線、化學汙染、老化。如果是良性的腫瘤，通常是局部性，手術可切除，惡性腫瘤成長過擴散的非常快速、侵犯性強，容易經由血液或淋巴轉移到其他器官，若不及早治療，常會造成嚴重問題導致死亡，必須由獸醫生經過病理檢查診斷是良性或是惡性腫瘤。我們可以做的預防是觀察，常常抱一下狗狗，藉由觸摸身體來檢查是否有不正常的腫脹或持續變大的腫塊，是否出現不易癒合的傷口，體重急速減輕，突然食慾減退，身體有不明開口且有分泌物出現，或是出血、異常的惡臭味道，呼吸、排尿、排便困難等。

狗寶貝走到生命中最後一哩路，我能為牠做什麼？

當狗寶貝走到生命的盡頭，大部分的家長可能會後悔「當初我不該讓牠開刀」或「當初如果我早點發現…」，其實你已陪伴牠的一生，也與牠度過許多美好且親密的時光，你絕對是最了解牠的人，你為牠做的任何決定都是出於為牠好，相信狗寶貝會感受且明白你的心意，只要盡力為牠的生命努力過，就不易後悔。

當生命只剩最後一哩路，居家安寧照顧對家長對寶貝都是最後的選擇，而安寧照顧並不是殘忍的要家長在旁邊看著心愛的寶貝死亡，而是提供給牠最後一次最好的生活環境。這時候家中的環境乾淨，保持適當的溫度，因為狗狗可能已經無力走到平日大小便的地方，可以在牠躺的地方鋪上尿布，萬一失禁的話，這時候不用急著下一秒鐘立刻清潔乾淨，先摸摸牠的頭微笑地跟牠說沒關係；有嘔吐物的時候也是一樣，讓牠知道你不會生氣，狗狗的心情也會比較輕鬆。在最後的日子，牠喜歡吃什麼就給牠吃什麼，只要吃得下都是好的，同時也要補充水分，多放一些水盆在靠近牠的地方。在最後的終點站時家長可以將寶貝擁入懷中，與牠一起回憶在牠這一生與你共度的開心時光，等待牠離去後，有時身上會殘留一些污穢物，請幫寶貝擦拭，讓牠乾乾淨淨的離開。

失去心愛寵物的難過只有自己知道，不需要悶在心裡，可以盡情地難過、哭泣，將情緒宣洩是釋放悲慟最好的方式。向親人好友哭訴一點也不丟臉，或許身邊很多人都有同樣的經驗，更能感同身受你的悲傷，當你一邊訴說你的心情時也是同時在整理自己的情緒，多說幾次甚至向不同對象訴說都是好的，悲傷藉由一次又一次的宣洩，也會漸漸的減少。不用強迫自己在短時間內平撫，自己需要多少時間由自己決定，依照自己的步調回到原本的生活。

有些人遲遲無法接受寶貝已經離開的事實，也無法整理寶貝身前使用的碗、窩、衣服、玩具等等，其實整理遺物不是告別，牠不只是曾經，也會永遠地存在你的心中，整理遺物是幫助你前往下一個階段。訂一個屬於你跟牠的紀念日，每年到了紀念日帶著你們的回憶，到牠的墓園與牠再次共度美好的一天。

附錄

毛爸毛媽注意！
毛孩的大剋星

→

狗狗不能吃的食物

　　不論你是新手爸媽還是養狗經驗豐富的家長，最重要的一點就是要充分了解狗狗的飲食習慣，清楚知道狗狗哪些東西能吃、哪些東西不能吃，或是可食用但不可過量。對我們人類有益的食物，卻不一定適合狗狗食用，以下禁食清單每一個養狗的人都應該有一份。

- 巧克力 - 狗狗不能吃巧克力是因為裡面含有一種稱為可可鹼（Theobromine）的成分，對狗狗可說是種毒藥，它會使輸送至腦部的血液流量減少，可能會造成心臟病和其他有致命威脅的問題。如果狗狗誤吃了巧克力會嚴重的流口水、頻尿、瞳孔擴張、心跳快速、嘔吐及腹瀉、極度亢奮、肌肉顫抖、昏迷等。

- 洋蔥 - 生或熟的洋蔥都含有一種有毒成分正丙基二硫化物，會造成狗狗的紅血球氧化，引發溶血性貧血，影響血液裡的輸氧量，由於無法提供身體所需足夠的氧氣量，而出現中毒徵狀，血尿、體重減輕、疲倦、經常氣喘、脈搏急速、虛弱、牙齦及嘴巴出現薄膜狀的分泌物。

- 肝臟 - 動物的肝臟含有高單位的維他命 A，攝取過量的維他命 A，可能會引起維他命 A 中毒，且維生素 A 攝取過量會抑制維生素 D 吸收，並導致鈣流失，凝血需要鈣的參與，長期吃雞肝會造成凝血功能障礙。肝臟也是排毒代謝的器官，本身就會積累一些毒素，現在的雞飼料總又有很多的化學添加成分，因此雞肝是器官當中最容易有添加劑殘留物。

- 骨頭 - 不要餵食會碎裂的骨頭，骨頭碎片可能會刺入狗的喉嚨，或割傷狗的嘴巴、食道、腸胃，會發生窒息或喘氣的現象，昏迷沒有意識，瞳孔擴大。雖然骨髓富含極佳的鈣、磷、銅等礦物質，但是如果要給狗狗吃骨頭，一定要煮到爛才能餵食。

-生雞蛋 - 生蛋白中有一種蛋白質，它會消耗掉狗體內的維生素 H，維生素 H 是狗狗生長及促進毛皮健康不可或缺的營養，缺乏維生素 H 會掉毛、生長遲緩、畸形。生雞蛋也容易含有病菌，餵食生雞蛋反而是誤餵了毒素給狗，煮熟的蛋則不需要擔心，熟雞蛋反而含有高蛋白及其他的營養成分。

- 生肉 - 雖然狗狗的祖先是野外打獵的勇士，但是現代人將狗狗養在室內，狗狗的腸胃及身體的適應力已經調整成家犬的狀態。生肉容易被沙門氏菌及芽胞桿菌汙染，沙門氏菌中毒會食慾極差、高燒、腹瀉、脫水、沒有精神，芽胞桿菌中毒會嘔吐下痢、血便、休克痲痺。

- 牛奶 - 若有些狗狗有乳糖不適症，喝了牛奶後會出現放屁、腹瀉、脫水等症狀，家長們請注意自家毛孩適不適合。

- 菇類 - 香菇富含大量纖維，狗狗吃香菇要注意消化力道夠不夠，有些狗狗不太能消化香菇的纖維，注意不要吃太多，過量會讓狗消化不良。

- 鹽 - 狗狗每公斤攝取一茶匙的鹽就具有致命的危險性，他們的腎臟功能絕對不比人類，代謝掉鹽的速度也慢，大量食入鹽分恐會造成急性腎衰竭。

-楊桃、奇異果-鈉、鉀含量高的水果，狗狗吃多了會造成腎臟負擔，每週最多只能吃一、兩次。

-櫻桃-有生物鹼，會造成狗狗腎臟代謝的負擔，吃下去可能會呼吸急促、休克、心跳加快等症狀。

- 香蕉 - 有益於腸道蠕動，便秘或拉肚子的狗狗可以多吃，但是香蕉的鉀含量非常高，狗狗如果有心臟病、腎臟病，不建議多吃。

- 酪梨 - 主要有毒部分是籽和葉子，果肉部分因含有大量脂肪所以勿大量攝食，另外也要小心勿食入果核以免造成腸胃道阻塞。

- 葡萄／葡萄乾 - 狗狗是可以吃水果的，尤其在狗狗有便祕或是食慾不好的時候，適量攝取水果中的膳食纖維是有助於調節腸胃健康的，但是千萬不可以吃葡萄。葡萄會引起急性腎衰竭，中毒跡象往往在六小時內發生症狀，精神沉鬱、上吐下瀉、食欲不振，對於葡萄引發的狗急性腎衰竭的機制目前還不是很清楚，可能是對腎臟的某些結構造成損害。

- 生鳳梨 - 沒有熟透的鳳梨含有生物鹼及鳳梨蛋白，會引起狗狗過敏反應。

- 酒精類飲料 - 乙醇是酒精的主要成分，狗狗體積小代謝速度不會比人快，甚是很慢，所以即使喝了少量的酒精，也會導致中毒，像是步伐蹣跚、行為改變、緊張、情緒低落、尿量增加、呼吸率減慢等症狀。

- 咖啡 - 無論是喝下咖啡或是吃下咖啡粉或咖啡豆，都會咖啡因中毒，徵狀與吃下巧克力中毒相似。

In memories of Jumbo.

D 弟

樂妹

Santa

タタタ

Jumbo

Pippin

I ♥ PET

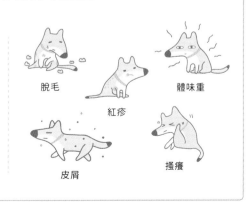

AMERICAN RETRO
VINTAGE GOODS

開動吧！毛孩的幸福食堂：江宏恩的私房狗狗鮮食餐

作　　　者　江宏恩

發 行 人　林志遠

總 編 輯　張云喬

文字編輯　林欣侶

文字撰稿　梁崇德

審　　　定　宋子揚、高瑞敏

攝　　　影　泰坦攝影事業有限公司

髮　　　妝　翁欣怡、許嘉惠

發行經理　謝君佩

行銷企劃　何慶輝、黃重仁

媒體統籌　楊千慧

網路企劃　林孝勇、陳淮君

美術設計　陳語萱

內頁排版　魏鈺珊

藝人經紀　艾迪昇傳播事業有限公司 http://www.idson.com.tw/tw/

特別感謝　CACO Make ur own style!　毛起來洗

出　　　版　華方整合行銷有限公司

統　　　編　28222931

地　　　址　台北市松山區東興路 26 號 13 樓

電　　　話　（02）7707-1188

傳　　　真　（02）7707-1199

製版印刷　承彩企業有限公司

版　　　次　2017 年 10 月初版一刷

總 經 銷　聯合發行股份有限公司

地　　　址　231 新北市新店區寶橋路 235 巷 6 弄 6 號 2 樓

電　　　話　（02）2917-8022

傳　　　真　（02）2915-7212

定　　　價　新台幣 NT$320 元 / 港幣 HK$100

歡迎團體訂購，另有優惠，請洽讀者服務專線（02）7707-1188

Printed in Taiwan

回函好禮，抽大獎！

MAOWASH
毛起來洗
寵物肌膚養護專家

即日起至 2017 年 12 月 5 日前，填妥並寄回讀者回函卡 (以郵戳為憑)，將於 2017 年 12 月 8 日抽出得獎者，得獎名單將公布於華方整合行銷官方臉書粉絲團，敬請密切注意！

15名

毛起來洗
草本養護癢癢退散試用套組 (汪用)

內含一癢癢退散抗敏洗毛精　20ml
柔順不打結神奇護毛乳　20ml
（市價 129 元）

- -

請　　沿　　線　　撕　　下　　對　　折　　寄　　回

貼郵票格

10565
台北市松山區東興路 26 號 13 樓

華方整合行銷有限公司　收

開動吧！毛孩的幸福食堂：江宏恩的私房狗狗鮮食餐

華方整合行銷有限公司
讀者意見回函

◆ 請問你從何處知道此書？ □作者部落格 / 臉書 □網路 □書店 □書訊
　□書評 □報紙 □廣播 □電視 □廣告 DM
　□親友介紹 □其他 _____

◆ 請問你以何種方式購買本書？ □誠品書店 □誠品網路書店 □博客來網路書店
　□金石堂書店 □金石堂網路書店 □量販店
　□其他 _____

◆ 請問購買此書的理由是？□書籍內容實用 □喜歡本書作者 □喜歡本書編排設計

◆ 你的閱讀習慣：□文學 □藝術 □旅遊 □手作 □烹飪 □社會科學
　□地理地圖 □民俗采風 □圖鑑 □歷史 □建築
　□傳記 □自然科學 □戲劇舞蹈 □宗教哲學 □其他 _____

◆你是否曾經付費購買電子書？ □有 □沒有

◆你對本書的評價：
　書　　名 □非常滿意 □滿意 □尚可 □待改進
　封面設計 □非常滿意 □滿意 □尚可 □待改進
　版面編排 □非常滿意 □滿意 □尚可 □待改進
　印刷品質 □非常滿意 □滿意 □尚可 □待改進
　書籍內容 □非常滿意 □滿意 □尚可 □待改進
　整體評價 □非常滿意 □滿意 □尚可 □待改進

◆ 你對本書的建議：_____
_____

姓名：_____ □女 □男 年齡 _____

地址：_____

電話：公 _____ 宅 _____ 手機 _____

Email：_____

學歷：□國中（含以下） □高中職 □大專 □研究所以上
職業：□生產 / 製造 □金融 / 商業 □傳播 / 廣告 □軍警 / 公務員 □教育 / 文化
　　　□旅遊 / 運輸 □醫療 / 保健 □仲介 / 服務 □學生 □自由 / 家管 □其他

※ 請務必填妥：姓名、地址、聯絡電話、e-mail。